BEHAVIORAL PSYCHOLOGY OF
CHILDREN WITH POSITIVE MANAGEMENT

正面管教
儿童行为心理学

刘 颖◎著

文匯出版社

图书在版编目 (CIP) 数据

正面管教儿童行为心理学 / 刘颖著 . — 上海 ： 文
汇出版社 ,2018.3
  ISBN 978-7-5496-2443-0

  Ⅰ . ①正… Ⅱ . ①刘… Ⅲ . ①儿童心理学 Ⅳ .
① B844.1

  中国版本图书馆 CIP 数据核字 (2018) 第 019481 号

正面管教儿童行为心理学

著　　者 / 刘　颖
责任编辑 / 戴　铮
装帧设计 / 天之赋设计室

出版发行 / 文匯出版社
　　　　　上海市威海路 755 号
　　　　　（邮政编码：200041）
经　　销 / 全国新华书店
印　　制 / 三河市龙林印务有限公司
版　　次 / 2018 年 3 月第 1 版
印　　次 / 2019 年 1 月第 2 次印刷
开　　本 / 710×1000　1/16
字　　数 / 151 千字
印　　张 / 15

书　　号 / ISBN 978-7-5496-2443-0
定　　价 / 38.00 元

前 言

德国哲学家雅斯贝尔斯曾说：教育意味着一棵树撼动另一棵树，一朵云推动另一朵云，一个灵魂唤醒另一个灵魂！世界上最好的家庭教育，是父母与孩子心与心的交流。

父母的思想，就是植入孩子心中的一粒种子，会深深影响孩子的一生。而妈妈就像是一棵葱郁的树，在孩子的心灵埋下饱满的种子；爸爸就像一盏灯，为孩子指明正确的人生方向，从而不断地提升孩子成长的正能量。

但是，随着越来越大的社会压力，许多孩子心里都充满了负能量。那么，如何让孩子转变思维、心态，用正能量面对生活中的各种挑战呢？譬如每位家长都希望孩子赢在起跑线上，但是每个孩子都能赢在起跑线上吗？被量化的第一名就是赢在起跑线的定义吗？类似这样的教育难题我们要怎么解决呢？

其实，解决这些问题是有技巧的，我们要从"心理"开始，因为最有效的教育是"走心"的教育。

教育原本就是"心灵"与"心灵"的对话，所以爱你的孩子，与他进行"心灵交融"，教育就变得简单多了。要教育孩子，首先就要了解孩子，要懂孩子的心，要了解孩子的思想行为——要知道，不同年龄段的孩子有着不同的心理特点，不同个性的孩子有不同的心理特征，不同生活情况的孩子有不同的行为习惯，等等。

所以，我们只有掌握了孩子成长的生理、心理发育规律的相关知识和概念，进行深入地研究分析，从而详细地了解孩子行为背后深层的心理原因，找到孩子生长发育的各个规律、各个阶段的心理特征，从中不断发现孩子的各种心理需求，进而了解孩子的所思与所想，弄清楚孩子的个性、喜好，思想、行为、情感、情绪等成长因素，再因势利导、因人施策，使用科学的教育方法。

所以，教育不是让孩子"言听计从"，而是让孩子"心悦诚服"。最终，在孩子成长的道路上取得成功的教育。

有人说，人的身体是心理的一个"载体"，一个心灵脆弱、心理扭曲的人是很难有所成就的，一个人只有内心足够强大，才能成为生活的强者。

作为家长，我们应注意保护孩子的自尊心，呵护孩子不断变化的心理发育，要明白身体的成长是自然的结果，而心理的成长才是我们教育的真正目的。其实很多时候，孩子养成不良的性格与行为并不可怕，可怕的是父母的无视和无知。

要知道，在生活中我们教育孩子的机会有很多，了解孩子内心世界的机会也很多，就看我们有没有用心去发现、有没有用心去引导，比如：当孩子对某些事物表现出兴趣时；当孩子出现不端行为时；当孩子处于一个新环境时；当孩子做事遭遇失败时；当孩子出现错误时；当孩子不断进步时；当孩子与他人交往时；当孩子发脾气时……

这时，孩子会产生什么样的心理？他们的心理会发生哪些变化，又会产生哪些行为？这些行为符合情理吗？孩子为什么会自卑、恐惧、不思进取、性格偏激、行为怪诞、烦躁不安……孩子为什么会这样？而我们怎么做才能对孩子施行科学而合理的引导教育？

如果我们想要知道这些，想了解孩子的一切，就需要一把"知心"的钥匙去打开他们的心门，找到他们心中的症结，这就要求家长一定要懂点"教子心理学"！

孩子的成长离不开正能量的濡养，教育孩子也要找准心理时机。

本书内容，从孩子的成长规律与心理发展入手，着重研究孩子的个性弱点，分析孩子的心理障碍及不良行为产生的原因等，从而进行合理的干预及正确的化解。旨在帮助孩子纠正不良行为，弥补性格缺陷，摒除心理障碍，强化成长优势，提高孩子的全面素质，引导孩子向良好的方向发展。

目 录
Contents

第一章

利用孩子的好奇心，激发他求知学习的兴趣

第二章

孩子遇到学习"停滞期"不可怕，关键是应对的态度与方法

第三章

良好品格是人的根本，及时纠正孩子的不良观念

第四章

当孩子行动古怪时，一定要了解他的情绪心理

第五章

多带孩子外出交往，教孩子扮演好自己的社会角色

第六章

培养适应心理，让孩子学会适应各种新环境

第一章

利用孩子的好奇心，
激发他求知学习的兴趣

唤醒孩子的好奇心，打开他的求知欲望，才能让孩子提高学习成绩，才能使孩子有更好的发展。

第1节
家长要善于发现孩子的兴趣点——"兴趣心理"

美国著名的儿童教育家杜威曾在他的《教育中的兴趣和努力》一书中提出：努力是基础的学习的结果，和以兴趣为基础的学习的结果有着很大的不同。

他说，关于对"兴趣"心理的研究，主要是由兴趣的环境和生理的影响因素、兴趣与智力关系以及孩子的学科兴趣等。如果从教育心理学的角度来说，"兴趣"是可以推动人们求知的一种内在的带有积极性的力量，而这种力量，可以无形地促进人们去学习与进取。

他认为，如果一个人去努力，虽然可以得到不错的学习结果，但其过程往往是被动的或是感觉很辛苦的；而如果一个人凭着自己的兴趣去学习，则往往是主动的或感觉兴奋、快乐与轻松的。他说，这就是"兴趣"与"非兴趣"的差别。

我们教育孩子也是如此，有道是"有心栽花花不开，无心插柳柳成荫"，孩子一旦对某一学科产生了兴趣，就会持续而专心致志地去钻研它，从中提高学习效果。反之，如果不感兴趣，就很难持续努力地学下去，自然也不会取得好成绩。

对此，有心理学家研究发现，"兴趣"是孩子的一种个性倾向，也是孩子心理现象中一个重要的有机组成部分，并且，"兴趣心理"与其他心理现象之间也是相互制约、密切联系的。

因此，"兴趣"虽然是一种独特的心理现象，但由于它与其他的心理现象有着密切的联系，所以心理学家认为，它对孩子的其他心理现象有很大的影响。

比如，孩子对写作文很感兴趣，那么，他的这种兴趣就是在长期与文字或写作相关活动的过程中不断形成和发展起来的。他一看到关于作文类的资料，就会表现出一副爱不释手的喜欢神情，而这种心理活动就是孩子对这件事物的兴趣反映。

德国心理学家赫尔巴特认为：从学习来说，兴趣可以成为学习的原因，它既是孩子学习的原因，又是学习的结果，还能促进知识的长期积累，为进一步的学习提供动机。因为它可以激发个体的最大能量，从而在某一领域取得突出成就。

因此，兴趣可以产生学习的动力，而学习又可以产生新的兴趣，兴趣是一个人走进成功大门的钥匙。所以说，孩子能不能取得成功，关键是他的"兴趣"能不能早一些被发现，被大人所注意到，并且是否能够引导发展。

小英是小学三年级的学生，平时学习成绩还可以，就是作文写得很不好，每次都被老师批评，为此爸爸妈妈辅导了她好多次，也不见起作用。

但是，小英有个爱好，就是特别喜欢小动物，比如小猫、小狗、

小兔子，只要是与动物有关的她都感兴趣，特别是对家里饲养的小白兔非常喜爱，总是炫耀地说："看我的小兔子长得多漂亮，长长的耳朵、红宝石般的眼睛，洁白的长毛像白雪公主似的……"

"哦，原来小英这么喜欢动物啊！"爸爸发现了女儿的兴趣，便买了许多与动物相关的故事书给女儿阅读，并且有时间还陪她一起看，引导她讲一讲动物的有趣故事。这样过了一段时间后，当老师要求每个学生都要写一篇与动物相关的作文时，小英的作文竟然破天荒地得了全班第一，受到老师的夸奖。

当小英高兴地将这个消息告诉爸爸时，爸爸终于欣慰地笑了。并且，此后又给小英买了几本小学生作文故事书，并引导她多阅读。渐渐地，小英的作文水平有了很大进步。

通过这个例子我们可以看出，孩子对感兴趣的东西记忆起来就比较快，而对不感兴趣东西，不管多简单都不一定记得住。如果小英对小动物不感兴趣，她就不会积极主动地去记忆与小动物相关的故事，更写不出与小动物相关的作文来。

可以看出，孩子在面对自己感兴趣的事物时就会集中注意力，孩子对某些事物感兴趣就会特别专注。而对于不感兴趣的事物，通常不会做出成绩。比如，让一个对音乐毫无兴趣的孩子报考"乐学"专业，让一个喜欢绘画的孩子去考体育专业，那么，结果只能是阻碍了孩子的正常发展，而不会有任何良好的结果。

所以，我们要通过慢慢引导，让孩子对学习产生兴趣，才能取得不错的成绩。

杜威认为："家长只有通过对儿童不断地予以细心观察，才能进入儿童的生活，才能知道他要做什么，知道什么样的教材能使孩子学起来最起劲、最有成效。"

其实，每个孩子都有自己的爱好或特长，这往往就是他的"兴趣点"，而这个兴趣点，就是孩子的最佳才能区。如果家长善于发现孩子的最佳才能区，并有针对性地合理培养，就有可能助孩子尽快走向成功。

那么，我们该如何发现孩子的兴趣呢？

作为父母，我们除了要教孩子成为一个有知识、有礼貌的高素质人才之外，还要懂得如何去发现孩子的兴趣与爱好。

其实，要发现孩子的兴趣并不难，因为孩子往往最专注他所喜欢的事情，也最喜欢做他擅长的事情，平时多留心观察孩子对各种事物喜恶的表现，就能发现孩子的兴趣所在。只有找到孩子的兴趣点，才能鼓励他将自己的才能发挥到极致。

这就需要我们养成仔细观察孩子的行为与爱好的习惯，比如：多观察孩子在反反复复地做哪些事情；多听听孩子的想法；平时多问问孩子喜欢做什么；孩子听到音乐身体就想扭动，他可能比较擅长音律或肢体类的活动。

只要我们用心一些，就可以发现孩子的兴趣所在。而且，不管你是否喜欢孩子的兴趣，都要以最大的热情去支持，这样会使孩子的人生充满乐趣和期待，这对孩子的成长有积极的作用。

此外，我们也可以通过与孩子玩各种游戏来发现他们的兴趣所在。如果孩子对一件事情非常专注，表现得特别好，那家长就应该

有意地给他提供更多的机会。并且，在孩子选择兴趣爱好时，父母要引导与鼓励，绝不能盲目地去代替，要鼓励他将自己的才能优势发挥到极致。

家长要多发现和培养孩子的兴趣与潜质，并尽可能地为孩子创造机会，创造条件。

具体可以参考以下方法：

一、兴趣转移法

如果孩子特别喜欢唱歌，那么可以多教孩子唱儿歌、诗歌或是唐诗宋词等，这样能增加孩子学习语文的兴趣。同时，可以把孩子对娱乐方面的兴趣，巧妙地转移到学习兴趣上来。

二、探索研究法

家长平时要多鼓励孩子和同学、伙伴进行一些探索研究性的学习、探讨，这也是激发孩子兴趣的一种好方法。因为在研究、探讨中，最能展示孩子的逻辑思维能力，使孩子的思想向深刻性、灵敏性和批判性发展，从而利于学习兴趣的形成。

三、联想激发法

家长平时要赋予孩子多元化的生活，帮助孩子多接触和参与进去，让孩子在各种生活体验中展开联想，强化人生体验。这种多姿的生活，会给孩子一种强烈的学习要求，使孩子在联想的过程中激发自己的兴趣。

四、兴趣讨论法

可以说，"讨论"是最能调动人的情感，让人出现激情的，所以平时要多与孩子展开一些有趣的话题讨论。特别是激烈的讨论，不但有利于孩子获得真知，利于群体互动式学习，还能激发孩子学习的兴趣。

五、自我突破法

在培养孩子的兴趣前，家长要先帮助孩子认识自己的优势，并找准孩子喜欢的突破点，从而举一反三，使孩子的特长得到充分发挥，孩子的兴趣也会被激发出来。

第2节
怎样挖掘孩子的求知能力——"求知欲望"

科学家爱因斯坦说："求学如植树，春天开花朵，秋天结果实。"是的，从小培养孩子求取知识、技能的能力，长大后孩子才能取得成就、获得成功。

那么，想让孩子多学习知识，还得多开发孩子的"求知欲望"，以激起孩子学习的兴趣。

说起"求知欲望"，其实它是一个人自出生以来就自然而然产生的"欲望"，一般由好奇心发展而来，它是人们积极探求新知识的一种心理欲望。

心理学家认为，求知欲望是人的一种内在精神需要，而且，这

种"欲望"一经形成，就会成为构成学习动机的一个重要心理因素。因此，只要我们激发出孩子的求知欲望，孩子才会孜孜不倦地去学习、去求知。

17世纪初，在荷兰的米德尔堡小城里住着一个叫利珀希的眼镜匠，以经营眼镜片为生。由于生意不错，利珀希几乎天天都在为制造镜片忙碌着，也就产生了很多不能用的废镜片。

利珀希与妻子生了三个儿子，而那些废镜片便成了三个孩子的宝贝，只要一有时间，孩子们就摆弄这些透明的小物品，常常玩得入迷。

一天，他们又在玩镜片时，最小的孩子突然兴奋地大叫起来。两个哥哥见他双手拿着两个镜片，一边观看一边来回地挥动着，就马上跑过去，夺下弟弟手中的镜片，也学着他的样子往远处观看。这时奇迹出现了：房上的瓦片、天上的飞鸟、远处的树木等都看得非常清楚，仿佛近在眼前似的。

"啊……啊……太神奇了！"

孩子们惊异的举动，一下子惊动了利珀希。他马上学着孩子们的样子，拿出一块凸透镜与一块凹透镜，将两块镜片对准看远方的景物时，发现远处的景物一下子放大了许多，而且距离也近了许多。这个发现，给了利珀希很大的启发，后来通过多次实验，他发明了世界上第一架望远镜。

可见，求知欲是由好奇心引发的。尤其是孩子，常常会在一些玩耍中对某一事物产生好奇，甚至产生迷恋，从而激起探究下去的欲望，而这也正好是培养孩子求知欲望的入口。

所以，有心的家长要多为孩子提供求知的机会，多挖掘孩子周围生活环境的教育资源。

当孩子有强烈的求知欲望时，他的求知过程就会变成积极的"上下求索"，这时，他会主动地获取知识、积极地思考相关问题。并且，还会通过做实验来验证他所学的知识，会呈现出一个良好的求知状态，从而获得更多的知识。

心理学研究发现，通常在孩子 5 ~ 6 岁时，就会形成初步的"求知欲"。之后，随着年龄的增长，在生活、学习中孩子的求知欲会得到进一步的发展。特别在系统地学习知识的进程中，如果能加以正确的引导与培养，孩子的求知欲就会逐步被挖掘出来。

因此，当家长发现孩子热衷于某一事物时不要制止，并且还要为他提供机会，让他尽可能多接触一些新鲜的事物，引导他探索知识以培养求知欲，并给他足够的时间去发现生活的乐趣，去探索自然万物的奥秘。

我国著名的数学家周海中教授，可以说他之所以能取得辉煌的科研成就，与他从小就拥有强烈的好奇心、求知欲和探索精神是不可分割的。

周教授出生在一个普通的教师家庭，但他从小就有一颗好奇心，驱使他在科学的道路上刻苦探索。"周氏猜测"是目前国际上重要的成果之一，这是他在 1992 年时，研究出了著名的数学难题"梅森素数分布的精确表达式"所获得的荣誉，为人们探究"梅森素数"提供了极大的方便。

1988 年周教授被评为首届"广州十大杰出青年"，同时还荣获了广东省人民政府颁发的立功证书；在 2000 年时，周教授率先提出了"网络语言学"，并为这门崭新的语言学科的创立和发展做出了重要贡献。

在攀登科学高峰的路途上，周教授孜孜以求，强烈的求知欲使他坚定而执着，最终取得了一个又一个显著的科研成就。

唤醒孩子的好奇心，打开他的求知欲望，才能让孩子提高学习成绩，才能使孩子有更好的发展。所以，不要小觑孩子的好奇心，因为孩子在对大自然进行探索后才能打开知识的大门。

父母就应该细心一些，当发现孩子对某项事物特别感兴趣时，应及时给予鼓励和支持，对孩子因材施教，将他们的求知欲挖掘出来。平时，也不要把自己的主观意识强加到孩子身上，比如，不允许孩子去接触与课本无关的事物等。这样不但束缚了孩子的求知个性，而且还可能扼杀孩子对学习的兴趣。

家长应多创造条件，让孩子做些有趣的实验，以满足孩子的探究心理。诱发孩子的求知欲，可以采用以下方法：

一、制造一种悬念

我们知道，越是疑难问题越对启发孩子的思维有效果。那么，我们可以结合生活中的情景对孩子巧设疑问。如果疑问设得得当，可点拨孩子的思维，将他的思路引向正确的方向。

二、为孩子提供大量的感性材料

给孩子一个充满奥秘的环境，并演示给他看，以激发他的求知欲。比如，提供大量的感性材料，如地球仪、磁铁、风车、望远镜、放大镜等，让孩子对这些物品产生好奇心，进而诱发他的求知欲望。

三、多带孩子到大自然去

多带孩子到大自然去了解青山绿水、鸟语花香等的奥秘。要知道，大自然丰富多彩、变幻多端，可以给予他们智慧的启迪，还能帮助他们增长见识、开拓思维，引发求知的欲望。

第3节
如何激发孩子的好奇心——"潘多拉效应"

《心理学大词典》里有一句话是这么说的："逆反心理是客观环境与主体需要不相符合时产生的一种心理活动，具有强烈的抵触情绪。"逆反心理人人都有，尤其是处于叛逆期的孩子，这种心理表现最为强烈。但这种心理的产生，开始往往是由好奇心所激起的。

我们知道孩子天生就有很强的好奇心，他们对什么都充满好奇，想一探究竟。这时候我们如果极力阻止，往往就会激起孩子的逆反心理，从而"不禁不为、愈禁愈为"。如此一来，就应验了心理学上的"潘多拉效应"。

关于这个效应的来历，还有一个神话传说：古希腊有一个叫普

罗米修斯的人，他盗取了天上的火种并带到人间。这触怒了天神宙斯，宙斯为了惩罚人类，就让世上最漂亮的女孩潘多拉去普罗米修斯的弟弟厄毗米修斯的住处，想办法跟他成婚。宙斯还给了潘多拉一个盒子，并且告诉她绝对不能打开。

这个盒子里有着世间最可怕的诅咒，但是潘多拉并不知道。

"这个盒子为什么不能打开？"

"还要'绝对'不能打开？"

"盒子里是稀世珍宝吧，还是更神秘的东西？"

"你不让我打开，我就不打开了吗？"

潘多拉越想越好奇，越好奇越想打开盒子看一看。憋了一段时间后，终于在好奇心的驱使下，她打开了盒子。

令人没想到的是，盒子里装的是人类的罪恶：病痛、瘟疫、战祸、杀戮、灾难……它们都化作恐怖的魔鬼，飞向世界的每个角落。于是，人类灿烂辉煌、和平共处的黄金时代，就此宣告结束了。

这就是心理学上的"潘多拉效应"，也叫"禁果效应"。心理学家认为，这种效应的心理实质，就是好奇心和逆反心理在起作用。就像孩子一样，他们在好奇心的驱使下，听不进大人的忠告——就像潘多拉一样，对越是得不到的东西就越想得到，越是不能接触的东西越想接触。

由此可见，当人产生好奇心的时候，就会产生一种努力去探究的愿望。而上面故事中的宙斯，就是利用潘多拉的好奇心，达到了惩罚人类的目的。

好奇心是"心灵的诱惑"，没有人可以抵挡住。

据说，在印度有一座叫加娜的古寺庙，红墙环绕，绿树成阴，环境清静。由于这座庙的门很大，当行人从门前走过时，庙里的景致也就一览无余了。这样一来，进庙参观的游人与香客很稀少，日子一久，寺庙维持不了香火，只好关闭了。

可是，没想到自从大门关闭后，却出现了另一种意想不到的情况：一些游人常在庙门前停留，有的人还扒着门缝儿向里面窥探。

看护庙院的人见有越来越多的人围观，决定重新开放"加娜庙"。不过在开放的时候，他故意在大门的里面做了一道影壁，挡住了人们对寺庙一览无余的视线；在庙里，他还有意锁了几间房，用来供人们"窥探"之用；同样，他在房间里也放置了屏障，使人"窥探"起来很费劲……之后，他还在大门口设置了售票窗口。

这样一来，人们不知道古庙里边有什么，便踊跃去购票参观。

其实，进庙的人只看见一堵红墙，一棵老树；进房间的人只能看到一张老床，一个老柜，一双旧鞋；再向里看，能看到一个小泥菩萨——总之，庙里并没什么神奇之处，只是这个"偷窥"的过程很费劲，反而让人们乐此不疲。

其实，游客的这种逆反心理，部分就源于"潘多拉现象"，这也是人们常有的心理行为——在好奇心的驱使下，越阻止、遮掩，人们就越想一探究竟。

在生活中，我们也可以利用孩子浓重的好奇心去挖掘他们的潜能，看他们专于哪方面的爱好，就可以培养哪方面的特长。这样，

就能取得事半功倍的效果，千万不要强行阻止或粗暴地掐灭孩子好奇的"火花"。

曾有一位爸爸带着6岁的儿子去拜访一位著名的化学家，想让儿子了解他是如何踏上成才之路的。

问明来意后，化学家并没有跟这对父子讲述自己的成功经历，而是把他们直接带到了自己工作的实验室。

小男孩来到实验室，心里自然很兴奋，他好奇地看着林林总总的器皿，第一次看到这些五颜六色的化学溶液，心情激动难安。于是，他一会儿看看化学家，一会儿看看爸爸——过了一会儿，男孩终于忍不住伸出手，试探性地摸向那个盛有黄色溶液的瓶子……

"哦，天哪！你不能碰它！"就在男孩的手指接触到瓶子的一刹那，他的背后传来了爸爸的呵斥声，吓得他赶忙缩回了手。

"哈哈。"化学家大笑。

"你笑什么？"男孩的爸爸不解地问。

"我已经回答了你的问题，你可以带着孩子回去了。"化学家说。

"哦？"爸爸满腹狐疑地看着化学家。

化学家漫不经心地将手放入男孩想要触摸的瓶子里，说："其实，这个瓶子装的只是染了色的水，可是你的一声呵斥，却扼杀了一个化学天才。"

有时候，尽管孩子的一些爱好不太合理，但父母也不能粗暴地阻止，这样会扼杀孩子探索未知世界的兴趣，因为他们总是渴望通过自己的探索来了解世界——就像上文中的男孩一样，父亲一声本能地呵斥，很可能就扑灭了孩子探索的火花。

著名的儿童教育家卡尔·威特有一个教育原则——"教育不能强迫"。不管教什么，他总是先努力唤起孩子的兴趣，因为只有在孩子表现出强烈的兴趣时，才能真正地把东西学到心里去。兴趣是孩子获取知识的最大动力，而现代社会又是一个崇尚个性的时代，如果在某一领域有专长往往更能受到人们的青睐。

其实，随着孩子年龄的增长和阅历的增加，他会调整自己的爱好与兴趣，哪些是合理的，哪些是不合理的，他们也会进行分析选择。

如果在一开始家长就武断地打消孩子的兴趣，这很可能会损害孩子智慧幼芽的生长，从而挫伤他们求知的积极性。所以，有心的家长应该利用孩子的爱好来激发他的好奇心，从而开发孩子的智慧与潜能。

要知道，尊重孩子的爱好是孩子成才的关键，也是家庭教育的基础。可是，生活中有很多父母不但不尊重孩子自身的兴趣发展，还常常按照自己的主观意向去"规定"孩子的爱好——家长从孩子一入学就开始千方百计地让孩子多学课本知识，到了双休日或节假日也不让孩子自由活动，而是将各种课外班给孩子安排得满满的。

虽然这个出发点是好的，但这样做只会延误孩子的发展。因此，父母应该最大限度地发挥孩子的兴趣爱好，这样才有利于孩子的健康成长。

第 4 节

怎么增强孩子学习的快感——"兴趣效应"

很多家长都抱怨过孩子不爱学习，有的孩子甚至还出现厌学的情况。如果让孩子把学习当成一种兴趣来培养，是不是就能增强孩子学习的快感，避免类似情况发生了呢？

是的，教育中最重要的一条是要经常细心地观察孩子的发展与兴趣。兴趣是一个人走进成功大门的钥匙，它可以激发孩子的最大潜能，因为兴趣的发展如何，对一个人的成就有着决定性意义，这便是"兴趣效应"的作用。

心理学家认为，我们在引导孩子学习时，必须考虑"兴趣"这一心理因素，才能使孩子从事符合自己心愿的事情，从而让兴趣发挥出最佳的效应性能。所以，家长教育孩子学习时，要试着引导孩子在兴趣方面下功夫。

教育家赫尔巴特认为，兴趣可以导向有意义的学习，因为它可以引起人们对事物正确且全面的认识。那么，从学习的角度来说，这也可以成为学习的动力。因为兴趣直接影响着一个人的智力发挥和工作效率，它是人们对事物好奇而产生的有趋向性的心理状态。比如，一个人一旦对某一学科产生了兴趣，就会持续而专心致志地去钻研它，进而提高学习效果。

对此，有科学研究发现，一个人做自己不感兴趣的工作只能发挥能力的 20%；而做自己感兴趣的工作，能力发挥则可以达到 80% 以上。因此，兴趣可以产生学习的动力，而学习又可以产生新的兴趣。

这表明，兴趣的掺入可以使人们在学习过程中的各种心理活动都处于一种最佳的积极状态，从而使人们的工作或学习效率得到大大提高。由此可见，由兴趣来引导孩子的学习是一个不错的方法，可以起到事半功倍的效果。

被媒体业界赋予"经济学家中的经济学家"的艾伦·格林斯潘，在一段时期内决定着美国政府对通货膨胀的态度，他是公认的美国国家经济政策的权威和决定性人物。但是，大家可能不知道，他在成为经济学家之前还是一位数学家，对数学与数字的研究掌握非常精通，而他对数学的兴趣则是由于对棒球的热衷。

少年时的格林斯潘迷恋上了棒球运动，并且是那种骨子里的喜欢。于是，为了看明白棒球比赛胜负的究竟，他不得不经常琢磨棒球里的数字问题。

因为棒球的计分规则相当复杂，于是，每当观看棒球运动时，格林斯潘都努力地动着脑筋，认真思考着如何才能准确地计分。由于他太喜欢这项运动了，所以在这方面下了很大功夫。

在上学期间，他勤奋地学习数学的"分数"，学习"统计计算"的精确方法，只有这样，他才能搞懂有关棒球赛的平均数问题。久

而久之，他对数学产生了兴趣，觉得它是一门很有意思的学问。

经过长期不断地学习、研究，格林斯潘的数学能力不断地得到提高，尤其是分数计算学得越来越精确。最终，他显示出了过人的数学才能。

"可以说，我对统计学的敏锐全然得益于此。"格林斯潘后来回忆说。是的，正是由于他对数学的探究兴趣，才使他成功地成为经济学中的"大师"，被人们尊称为世界经济的"调音师"。

"数学教育应该以一种'有趣的方式'在学校展开，就像我小时候迷恋棒球和计算一样。这样，才更能激发起学生学习数学的兴趣。"他如是对美国教育界说。

"兴趣是一种魔力，它可以创造出人间奇迹来。"是的，兴趣是一种积极的认识倾向，是引领人们追求知识的动力，也是推动学习的内在力量。

兴趣推动人类去探求新的知识，能使人在快乐中提高学习的效率。比如，古代杰出的医学家李时珍，就是在兴趣研究的基础上才著成了闻名古今中外的医学名著《本草纲目》。因为他从小就对研究药物感兴趣，并且这种兴趣伴随他一生持续发展而没有间断，最终让他在医学界取得巨大的成就。

认知心理学家皮亚杰也认为："一切有成效的活动必须以某种兴趣为先决条件。"一个人现在和将来学什么、不学什么，常常是由自己的兴趣决定的，兴趣可以创造奇迹，没有兴趣一切都将是空谈。

是的，"有心栽花花不开，无心插柳柳成荫。"如果让一个喜欢绘画的孩子去参加运动比赛，让一个对音律毫无兴趣的孩子去弹奏乐曲，结果只能是一败涂地。

要知道，每个孩子都有自己的特长和兴趣点，而它们就是孩子的最佳才能区。如果父母善于发现孩子的最佳才能，并有针对性地培养，有可能帮助孩子尽快走向成功。反其道而行之，则会阻碍孩子的正常发展，甚至还会引起孩子激烈的反抗。

那么，如何发现孩子的兴趣呢？家长可以在与孩子玩各种游戏的活动中发现孩子的兴趣所在，比如：

一、如果孩子讲故事非常专注，每当他讲故事时都表现特好，那就应该有意地给他提供更多讲故事的机会。

二、如果孩子听到音乐身体就想扭动，那么，这个孩子可能比较擅长音律或肢体类的活动，就要多给孩子创造这类的条件，并提供学习舞蹈、参加体育运动的机会。

总之，平时要鼓励孩子的兴趣和爱好，并从中留心观察孩子对各种事物喜恶的表现。

如何培养孩子的兴趣，还可以参考以下方法：

一、培养孩子高雅、文明的兴趣

由于孩子的年纪还小，缺少一定的辨别能力，很容易沉迷于一些不良的兴趣爱好，从而误了一生。比如，有些孩子小小年纪就开始吸烟、酗酒、玩游戏、偷东西等。

这些情况的发生往往会毁了孩子的一生，所以，平时要关注孩

子的精神境界和文化修养，培养他一些高雅、有益于健康的兴趣，比如，打球、读书、下棋、健身，等等。

二、培养孩子可以增强学习快感的兴趣

怎样才能使孩子的学习变为快乐的事呢？

这就需要我们帮孩子找出学习的兴趣点，比如，享受成功的体验，可以先帮孩子找他感兴趣的科目，或是擅长的科目下手；帮孩子将一些计算题分为难、易两部分，先让孩子学习简单的知识，等简单的学完并掌握了，孩子就产生了成就感，这样再去攻克难题，孩子就会有信心了。

当孩子体验到了学习的快乐，慢慢地就会喜欢上学习。

第5节
怎样诱导孩子进取的兴致——"门槛效应"

生活中常会发现，当我们一下子要求一个人去做或接受一件有些难度的事时，对方往往不会痛快地答应我们；而当我们一点一点地向对方提出自己的要求，对方也会一步一步地答应我们的请求。

这就说明，凡事不可强求，要一步一步地诱导，才能更快地达到目的。这种方式就像心理学上讲的"门槛效应"一样，在恳求某人之前要先将对方诱入其中。

心理学家 D. H · 查尔迪尼曾做过一个实验：他为某慈善机构进行了一次募捐活动。对一些人提出募捐时，他附加了一句话"哪怕一分钱也好"；而让另一些人募捐时，却没有说这句话。

结果，前者的募捐财物竟比后者多两倍以上。这是为什么呢？

查尔迪尼发现，原来，当向他人提出一个微不足道的要求时，对方很难拒绝，否则就会觉得自己太不近人情了。于是，为了留下前后一致的印象，就容易接受后面这个更高的要求——这就是他发现的"门槛效应"。

那么，我们在教育孩子时也可以如此做。

当孩子不太愿意接受家长或老师的某一要求时，就可以运用"门槛效应"去诱导孩子，当孩子慢慢接受以后，再逐渐提出更多或更高的要求。

一般来说，孩子都具有对某些方面或某一方面强烈的兴趣，而且，一旦对这些兴趣入迷，就会表现出极大的热情，并以惊人的毅力和耐心去学习或研究它。

所以说，不要指示孩子应该做什么，而应千方百计地引导或诱导孩子去做，比如启发他想写字、想读书、想创造、想研究，而自己则可以在一旁做粉丝给予他支持和鼓励。

曾看过一个故事：小和尚从小跟着师父学武艺，可师父每天都让他喂养一群小猪，别的什么都不教他。

在他们住的庙前有一条小河，小和尚每天早上都要抱着一头头小猪跳过小河到对岸。到了傍晚，再抱着小猪们回来。

日子一天天过去了，小和尚养的那群小猪也在不断地长大。

殊不知，小和尚在每天抱着小猪过河的过程中，竟然练就了巨大的臂力和卓越的轻功。直到这时，小和尚才明白了师父的良苦用心。

其实，这个小故事就是"门槛效应"的应用，它告诉我们，一旦接受了他人微不足道的要求，就有可能接受对方更高的要求。就像要一级台阶一级台阶地上一样，我们可以一步一步地登上高处。

明代洪自成在《菜根谭》中说："攻人之恶勿太严，要思其堪受；教人之善勿过高，当使其可从。"我们教育孩子更应当运用这个道理。

平时，我们给孩子制定目标，一定要考虑孩子的心理发展水平和心理承受能力。要先分析不同层次的孩子现有的发展水平，根据不同素质、不同能力层次的基础与表现，给他制定一个具体的、适合的目标，从而使他通过努力能够达到。

心理学家皮亚杰说："所有智力方面的工作都依赖于兴趣。"孩子的学习、成长、发展更是如此。

当孩子对某一事物表现出兴趣时，家长要及时地给予肯定和鼓励，诱导孩子在"自愿"的基础上深入钻研。引发孩子对这方面进取的兴趣，及时诱导，使其向正确的方向发展，并挖掘出孩子对事物产生热情的潜力。

当孩子专心致志地投入到他所喜欢的活动中并产生了浓厚的兴趣时，就会把全部精力倾注到这项活动中，从而有所收获。

据报道：在一次万人瞩目的"万米长跑赛"中，谁都没有想到，冠军竟被一位实力普通的女选手夺走了。这位女选手立刻成了该活动比赛的焦点，很多记者都纷纷问她获胜的奥秘是什么。

"别人都把一万米看作一个整体目标，而我却先把它分成10个节段。在跑第一个千米时，我要求自己争取领先到达，因为这比较容易做到，所以我轻易做到了。

"在跑第二个千米时，我也要求自己争取领先到达，因为这也不难，所以我也做到了……这样下去，我在跑每一个千米时都保持了领先到达的成绩，并逐渐超出了他人一段距离——所以，最后我夺取了胜利，尽管我的水平并不是最好的。"

由此可见，正是由于成功地运用了"门槛效应"，才使这位女选手夺得了冠军。

因此，我们在教育孩子的过程中，应将远期的目标和较高的目标细化一下，将它们合理地分解成若干层次不同的小目标，再让孩子逐步去完成。

一旦孩子实现了一个小目标，就能调动他的积极性，并会由此带来一种成就感。当孩子迈过了一道道"门槛"时，他就会对这件事情产生兴趣。这时他或许会发挥出巨大的能量，这种能量是孩子在反复多次主观体验中积累所产生的，而孩子的热情之火一旦燃烧起来，就会表现出与众不同的才能，甚至会创造奇迹！

如果我们要培养孩子良好的学习态度和生活习惯，那我们就要采用"门槛效应"的方式，根据孩子自身的生活情况，为他制订一

个时间段，比如：一周、半个月、一个月等。

在这个过程中，我们要不断诱导或激励孩子，长此以往，孩子就会养成良好的学习习惯。

不过，与此同时一定要切忌"急于求成""恨铁不成钢"等方式与态度，可以先要求孩子养成一些轻易能做到的好习惯，比如："不随地扔垃圾""不随意发脾气""学会倾听别人说话"等。而且，在养成习惯以后还要不断地强化，这样才能使孩子的好行为巩固下来。

所以，家长要富有爱心和欣赏心，看到孩子的闪光点和进步时，要做出积极的、相应的鼓励，就像"门槛效应"一样，逐步让孩子尝到甜头，这样才能使孩子的学习兴趣越来越浓厚。

第6节
怎样才能让孩子不断地进步——"表扬效应"

有一句教育名言：数子十过，不如奖子一长。是的，教育孩子，你越是责骂他，嫌他这也不行、那也不好，那他可能就越是不可救药；而你对他不经意的表扬，或许会使他发生巨大的变化，变得聪明而乖巧呢！

这是为什么呢？

这是由儿童的心理特征决定的。因为孩子都具有较强的好胜心和自尊心，对孩子的进步给予积极的评价，是对孩子的最大鼓舞，激起他们一股奋发向上的力量，从而产生一种积极向上的心理，促使他们乘势而上，这就是心理学上的"表扬效应"。

关于"表扬效应"，心理学家赫洛克曾做过一个实验：他先选了一些三、四年级的学生，然后将他们分为四组，并且使各组学生的能力相当。

这四组分别为不给任何评定组、表扬组、受批评组、旁观组，然后，在四种不同的情况下，他对这些学生进行了一个难度相等的"加法"练习。并且，先让第一组单独练习，不给任何评定，而且与另外三个组的学生隔离。

之后，让表扬组、受批评组、旁观组三组在一起练习。并且，每次练习之后，不管成绩如何都会做出以下行动：

一、对"旁观组"不给予任何评定，只让他们观察另外两组受到表扬或批评。

二、无论"受表扬组"表现如何，都会受到表扬和鼓励。

三、不管"受批评组"表现如何，即使他们表现得再出色，也总是受到批评和指责。

实验结果之后，赫洛克发现：

一、第一组单独练习不给任何评定的学生，他们的表现最差。

二、"受表扬组"的学生所取得的成绩最好。

三、"受批评组"的学生所取得的成绩排第二。

四、"旁观组"的学生所取得的成绩排第三。

对于这样的结果，赫洛克认为：

一、表扬能使人产生积极奋进的力量，所以"受表扬组"的学生表现最优秀。

二、批评使人不得不努力，因而"受批评组"的学生表现也不算太差。

三、"旁观组"的学生由于与表扬组和受批评组在一起，得到了间接的反馈，因而表现也优于不给评定组。

四、那些从未受到任何信息作用的学生，好像不知道或不明白自己在干什么，因此，不给任何评定的学生的表现最差。

可见，人是需要表扬的，它可以让人对生活和学习充满信心，使上进的劲头更足。

尤其是孩子，更需要我们的赞赏与表扬，及时的表扬能让孩子感觉到我们发自内心的期望和肯定，他们就会决心这一次比前一次做得更好。所以，家长应善于抓住时机，在适当的场合对孩子多加表扬和鼓励。

刘老师是小学二年级的班主任，自任教以来，他觉得这个班是最让他费心的一个班。因为班里有一个超级熊孩子——大强，他什么都强，就是学习不强。

自从大强入学以来，一个学期快过完了，他考试从来没及过格，因为他从来都不认真学习。而且，他每天还从家里带来很多零食，只要老师一离开教室，他就边吃边与其他同学闹腾，在班里的影响非常不好。

虽然刘老师也对大强进行过几次严厉地管教，但都无济于事，无奈之下，刘老师便天天盼望着这个学生能转走，离开自己的班级。

这天早晨，还没到正式上早课的时间，刘老师走到教室门口却听到一阵朗朗的读书声音，他走进教室一看，奇怪了，大强正在认真地朗读课文！

刘老师简直不敢相信自己的眼睛，于是赶紧在黑板的表扬栏里写下了大强的名字。没想到，这一个小表扬还真见效，大强这一天都表现得特别积极。

哦，原来这个孩子喜欢受表扬啊！

放学时，刘老师特地布置了一些简单的"生字听写"作业，说明天早课获得听写优秀的学生可以担任班里的"学习小组长"。这样，学生们都兴冲冲地放学回家写作业了，尤其是大强显得特别高兴。

放学后，刘老师就给大强的父母打了个电话，告诉他们明天要听写的作业，让他们今天晚上务必帮助大强将作业练习好。

果然，第二天早课听写时，大强的表现非常出色，12个听写词语，他竟然写对了11个。于是，刘老师对他进行了一番表扬之后，就将班级里"学习小组长"的职位授予了他。

可想而知，大强当上"学习小组长"之后更加好好地表现自己了。就这样，在刘老师不断地表扬教育之下，大强慢慢地也成了一个优秀生。

教育家马卡连柯说："人生活的真正刺激是明天的快乐。"

是的，孩子最容易从大人的赞扬和鼓励中获得继续努力的动力。如果我们经常运用表扬的方法，使孩子看到明天的快乐，那么，他就会决心这一次比前一次做得更好，这说明了为什么一句赞美就可以发扬孩子的优点，使孩子不断进步，因为这就是孩子受表扬后的心理效应。

不断给予孩子热情的赏识和赞扬，比严厉打骂所起到的作用要大得多。所以，我们不但要毫不吝惜地表扬孩子，更重要的是应该在第一时间把我们美好的祝愿送给孩子，及时发现他们一个小小的进步，并给予他们肯定。

通过孩子自己的努力，在学习或者比赛中取得了好成绩，这是多么值得家长赏识的事情啊！

可是，生活中却有很多家长由于怕孩子骄傲，或是对孩子的进步不在意，不但不及时做出肯定，还总是视而不见。那么，这样就使孩子感到很失望，从而失去继续上进的动力。

家长要做个有心人，不要忽视孩子的心理感受。

要知道，我们每个人都希望获得别人的表扬与赏识，尤其是孩子更希望收获来自父母或他人的赞同与肯定——也许他就是未来的乔布斯，也许他就是未来的马云，我们决不能把他们扼杀在摇篮中。

所以，我们应该让孩子感受到，是他的良好行为给家长或者同学带来了喜悦的心情和积极的作用。这会让孩子认识到自己的能力，从而时刻保持着上进的热情。

第 7 节
如何让孩子产生强烈的学习愿望——"动机心理"

捷克教育家夸美纽斯说："求知与求学的欲望，应该采用一切可能的方式在孩子身上激发出来。"是的，我们只有激发孩子的内部进取动机，才能使孩子发自内心地去学习，因为动机是一个人上进的动力，是一种自觉能动性、积极性的心理状态。

从理论上来讲，"动机"就是为达到目的的内部驱动力，也是心理学上所讲的"动机心理"，是个体为了满足某种需要而产生的行动。

孩子学习更是如此，一旦孩子形成了良好的内部动机，那么，学习与进取就成了他的精神需要。当孩子的学习行为养成了自觉、自愿的模式后，孩子的整个学习过程就充满了激励性，学习效果定能不断提高，所以，"动机"又是一个人拼搏进取的助力器。

斯坦福大学的心理学教授卡罗尔·德韦克曾做过一个"动机行为"的实验训练：

她对一些数学成绩差而又没有自信的学生进行了一个"归因训练"：让他们解答一些数学题，然后——

一、当这些学生失败时，她告诉他们这是因为不够努力的结果。

二、当这些学生取得成功时，她告诉他们这是努力的结果。

如此经过一段训练之后，没想到这些各方面都较差的学生，不仅在行为上形成了努力归因，还增强了学习的信心，尤其是明显提高了自己的学习成绩。

由此可见，只要我们有效地利用"动机心理"来调动孩子的积极性，那么，孩子就有可能主动学习，并学有成效。

比如：两个学生在一个班级里学习，不同的是他们一个有自己的学习目标，一个则没有。于是，没有学习目标的学生没有丝毫学习动力，总是为了应付功课而学习，所以他的成绩进步很慢；而另一个学生，为了考上理想的学校而努力学习，他的学习效率与效果也在不断地提高。

从这两个学生的学习差异上，我们可以得出，强烈的学习动机是保证孩子努力学习的前提。

心理学家认为，学习动机是引起和维护孩子进行学习活动的内部心理倾向，并使学习活动朝着预定目标进行的"内部动力"。对正在读书的孩子们来说，他们的主要任务就是学习，那么，这种态度就是他们的"学习动机"。

对此，心理学家德韦克的研究表明，在"归因训练"的过程中至少有两个不同的成效可以让孩子明白：

一、对孩子努力学习的结果给予反馈，告诉他们努力获得了相应的结果，使他们感到自己的努力是有效的。

二、使孩子感觉到自己的努力不够，从而把自己失败的原因归结为努力与否的因素，并且只有这样，孩子才能真正从无助感中解脱出来，从而坚持努力地去取得成就。

所以说，动机是推动孩子学习的主观动力，是直接推动个体达到某种目的的心理活动。因此，为了提高孩子的学习效率，我们应运用好"动机心理学"。

莹莹是个初中一年级的漂亮女孩，自上学以来，她的学习成绩一直很优秀。可是，自从 3 个月前她过生日舅舅送给她一部手机后，她的学习成绩就越来越差了。

原来，自从拥有了手机之后，莹莹的整个心思都在手机上，不但喜欢上了手机里的游戏，还喜欢用手机看偶像剧，并且还学会了玩微信，整天在朋友圈刷屏，根本没心思好好学习。

在学校里，每当下课后，莹莹就马上拿出手机玩个不停。每天放学回来，书包往沙发上一扔，就急匆匆地去玩手机了。这样，她的作业总是不能按时完成，做功课也是为了应付老师和父母，这导致她的学习成绩越来越差。

后来，爸爸想了一个办法：学习成绩恢复不到之前的情况，就不让她再玩手机。并且，告诉她的班主任，看见莹莹在学校里玩手机就给她没收了。她如果做到了这些，周末可以在规定的时间内玩一会儿。

果然，在爸爸妈妈的督促与老师的监督下，莹莹玩手机的时间越来越少，并且，为了自己的手机不被没收，她只好像以前那样

认真学习。这样，过了两三个月之后，莹莹的学习成绩终于又赶上来了。

"动机心理"是一个人对自己认为重要的、有价值的事情乐意去做，并努力达到完美的一种内部推动力量，也就是在这种需要的驱使之下，才会产生目标、目的，从而引发人的积极性。

所以，学习动机是由外在条件诱发出来的动机，孩子为了获得表扬和奖励而努力地学习，上文中的莹莹就是如此。

心理学认为："学习动机"既不是学习的必要条件，也不是学习的充分条件，但它是对学习起促进作用的重要条件。那么，怎么才能激发孩子的学习动机，引导孩子爱上学习呢？希望以下两点能对你有所帮助：

一、让孩子明确自己的学习目标

有研究表明，那些学习好的孩子都有着良好的学习动机与明确的学习目标，于是他们学习时总是兴趣盎然，孜孜不倦，学习行为成了自觉、自愿的过程。

所以，给孩子定一个学习目标很重要。因为有价值的学习目标，可以激发学习需要，使孩子认清学习的方向与必要性，让他们全力以赴地去努力。

二、培养孩子的学习动机

如果孩子总认为自己一无是处或没人关爱，心理需求不能得到良好的满足，那么，孩子对学习本身就很难产生兴趣，自然就没有动力去学习。

　　家长应多关爱和尊重孩子，让孩子感觉到自己被重视或感到自己有一定的能力。要知道，那些不知道自己能力高低的孩子，或不能确定自己是否是令人喜欢的孩子，是不可能产生强烈的进取动机的。

　　所以，家长要根据心理学家卡罗尔·德韦克的"动机心理"来培养孩子的学习动机。

第二章

孩子遇到学习"停滞期"不可怕，
　　关键是应对的态度与方法

　　作为家长，不论孩子考试的成绩如何，我们都要注意自己的态度与言行，要用平和的心态来看待。

第 1 节
怎样面对孩子的学习成绩——"态度效应"

可以说，许多父母在看到孩子的功课测试卷子时，第一眼就是看成绩有多少分数——好像孩子除了取得分数，就没有别的作用或作为了似的。并且，每个父母都要求孩子的学习成绩只能越来越好，只进不退。否则，就给孩子劈头盖脸一顿臭骂。

比如，孩子的成绩本来不错，只是这次期末考试下降了一点，一些家长就会指责孩子学习不用心，或是觉得孩子简直就是一个笨蛋；反之，孩子的成绩如果这次上升了，那么父母一定会好好表扬或奖励一番，并会将孩子当宝贝似的看待。

殊不知，这样一来往往会使孩子对考试产生一种紧张、畏惧，甚至自卑的心理，从而影响到正常的学习与发展。所以，无论孩子考试的成绩如何，我们都要用正确的心态去对待，千万不要让心理学上所谓的"态度效应"产生负面作用。

毛毛今年读小学六年级，是个聪明的孩子。但他有一个毛病，就是贪玩，常常一玩起来就忘了写作业，这样一来，学习成绩自然不太好。

爸爸妈妈对毛毛的期望很大，一心想让他学出好成绩，长大好有出息。但是，爸爸妈妈又是生意人，平常根本没有时间关心毛毛的学习，并且还自认为孩子聪明，只要老师肯好好教，就一定能学好的。没想到的是，毛毛经常不写作业，成绩自然也很差，这次期末考试竟然考了个全班倒数第一。

爸爸妈妈一看考试成绩，心里大为恼火，不分青红皂白就对毛毛一阵暴打，并且还将他关在了房间里，一天都没让他吃饭。他们认为这样做，毛毛就会长"记性"，以后一定会好好学习。

果然，从此以后毛毛考试的成绩越来越好，这让爸爸妈妈高兴得不得了，以为自己的教育方式奏效了。于是，一下子给了毛毛许多物质奖励，而且给的奖励越多，毛毛考得分数就越高，爸爸妈妈乐得逢人就夸毛毛学习好。

可是，到了升初中时，毛毛不但没有升入新年级，还因为考试作弊被老师抓住而通知了家长。

原来，毛毛的"好成绩"不是自己努力学来的，而是每次考试都作弊，不是抄袭同学的就是偷着看书，这样分数自然上去了。而且，平时的作业也都是同学替他写的，以每科作业十块钱的价格才顺利完成的。没想到遇上这次升学考试，他便没那么幸运了。

作为家长，不论孩子考试的成绩如何，我们都要注意自己的态度与言行，要用平和的心态来看待。如果家长过于看重分数，规定只能进不能退，孩子一次或两次考得不好就一点优点也没了，严厉地责备孩子，就可能带来得不偿失的后果。

就像上文中毛毛的父母，不知道认真反思自己的行为对孩子的影响，反而对孩子过分地责备，结果使孩子产生了不健康的心理行为。所以，当孩子学习成绩退步时，我们也要对孩子有信心，还要保持平常的心态，鼓励孩子今后发愤努力即可。

有位心理学家做过一个实验：他先在两个房间的墙壁上全都镶嵌上清晰的大镜子，然后，在两个房间里分别放进一只大猩猩。不过，其中一个房间里的大猩猩性格暴烈，令人不敢接近，而另一个房间里的猩猩则性情温顺。

可想而知，那只个性暴烈的猩猩看到镜子里面目狰狞的"同类"，立刻就被激怒了。于是，它一气之下就与镜子里的那只猩猩展开了激烈的撕斗……

三天之后，心理学家来查看，发现那只个性暴烈的猩猩已经死亡了。经检查发现，它是由于怒火攻心导致心力交瘁而死的。当心理学家去看那只性情温顺的猩猩时，它正在奔跑嬉戏，一副很快乐的样子。

原来，它进到房间后看到镜子里的"同类"对自己非常友好，于是它很快适应了新环境，和镜子里的猩猩和睦相处，所以，它在实验室里生活得很快乐。

其实，上面这个实验所产生的现象就是"态度效应"。它告诉我们，人人都有一面镜子，你对它笑，它也会对你笑；你对它哭，它就会对你哭。所以，是笑还是哭都取决于我们自己的态度。

家庭教育也是一样，面对成长中的孩子，如果我们态度和蔼，

孩子也会用可爱的样子来回报我们。

作为父母，我们不能对孩子太苛刻，要想使孩子不断进步，我们就要用良好的心态去对待他们，而不是经常板起脸来训斥，尤其是看到孩子考取的成绩后，要保持平和的心态。

俗话说，三百六十行，行行出状元。只要孩子健康快乐地成长，将来在社会上一定有属于自己的位置。还有话说，龙生九子各不同。每个孩子都有自己的天赋和成长方式，所以，我们要承认孩子之间的个体差异，没有必要与其他孩子做比较。

其实，孩子学习的快乐与看待成绩的心态相比，分数的多少实在算不上什么，偶尔考试失利也是正常的事。只有良好性格的形成、好心态的培养，才会真正决定孩子一生的命运。

当孩子的学习退步或差一些时，家长首要做的是帮孩子找出成绩不理想的原因，让孩子争取在下一次考试中克服在前一次考试中所出现的错误。这样，孩子才能成为学习的主人。

第2节
孩子成绩后退时怎么办——"激励效应"

思想家歌德说："人类最大的灾难就是瞧不起自己。"是的，无数事实证明，一个没有自信、瞧不起自己的人，是永远都不会走上成功之路的。所以，在成长过程中，孩子的自信源于家长的信任。

但是，当孩子的成绩单发下来时，很多家长都犯了一个同样的错误：在孩子和分数之间，他们选择了分数。看到孩子分数下降了，就认为孩子没好好学习，认为孩子"不争气""没出息"，从而不惜恶言相待，毫不顾虑是否会伤害孩子的自尊心与自信心。

殊不知，孩子只有在信任的环境中才能养成自信的心智，自信心才是孩子不断进步的驱动力。所以，当看到孩子的学习成绩后退时，我们应该做的不是责备，而是给予他们充分的激励与自信。

有人这样评论："白天鹅总是受到人们的百般呵护和赞美，但丑小鸭也同样需要人们的关怀和赞美。"也就是说，无论孩子是白天鹅还是丑小鸭，不管他的成绩如何，都需要我们的赞美来激发内心的学习动机。

林肯少年时悟出一个道理："要想让牛走得快，必须有刺激物给予它足够的刺激，以促进前进。"这就是心理学上的"牛蝇效应"，也称"激励效应"，如果将它适当地应用到家庭教育中，就能很好地提高孩子对学习的积极性。

早晨，看着满地的碎纸、参差不齐的课桌、被画得乱七八糟的黑板，可同学们却熟视无睹，依旧玩着闹着，林老师看在眼里急在心里：这些孩子什么时候才能自觉地打扫卫生，不再让老师操心呢？

林老师是小学二年级的班主任，早课的时间到了，他抱着教科书来到教室，走到门口就听见同学们嬉笑玩闹的声音，而教室里却满屋狼藉。

林老师有些犯愁了，怎么才能让同学们注意衣着整洁、讲究卫生呢？

经过一番思考，林老师决定运用心理学的"激励机制"来解决班级的卫生问题。之后，他告诉同学们：给每天打扫卫生的同学奖励一朵小红花，每月评选一次"卫生小标兵"，而且获得"卫生小标兵"的同学到年终有望被评为"三好学生"。

同学们听后心里都很激动，纷纷表示自己很想获得"卫生小标兵"。这样，到了第二天早晨，林老师走进教室一看，发现与昨天大不相同，教室里很干净。

"老师，早上是我们两个把教室打扫干净的。"这时有两个同学举起手说。

"哦，你们俩做得好，真是爱劳动的孩子！来，我给你们每人发一朵小红花。"林老师欣慰地说，并让全班同学为他俩鼓掌。

第三天早晨，林老师来到教室，发现比昨天还干净，各个角落都没有了灰尘。

"老师，您看今天我们把教室打扫得很干净吧？"有五个同学举起手说。

"呵呵，你们表现得很好，来，我给你们发小红花！"林老师赞许道。

"老师，我明天还要早来打扫卫生，我要得好多小红花给爸爸妈妈看，他们一定会夸奖我的。"其中一个同学说。

以后，每天早晨教室都是干干净净的，林老师来到后学生们纷纷向他汇报："老师，我把走廊打扫干净了。""老师，我把黑板擦干净了。""老师，我把桌子放整齐了。""老师，现在大家都夸我是个讲卫生的孩子呢……"

看着逐渐懂事的孩子们，林老师的心里非常高兴，他知道自己的"激励效应"运行成功了！

可以说，每个人都喜欢得到他人的称赞与鼓励，而不喜欢受到他人的指责与奚落。所以，如果我们想让孩子处于最佳的行为状态，最好的办法莫过于对他们进行有效的激励。

从上面的文中我们可以看到，激励对每个孩子来说都是非常重要的，林老师的班级之所以每天都能保持干净、整洁，就是因为他实施了"激励机制"。

每个孩子内心都想做个好孩子，能被他人称赞，同样，他们对自己的成绩也是如此，他们也想考出最满意的成绩以得到家长的表扬。所以，当孩子的学习成绩后退时，就需要家长的鼓励与帮助。即使孩子某次考试一团糟，帮助他的最好办法仍然是以发展的目光看待他。

要知道，当孩子成绩退步的时候，也是他最脆弱、最需要精神力量的时候，如果这时孩子得到的不是安慰与关心，而是一顿训斥、埋怨，那么，很可能使他脆弱的心灵更加受伤。

其实，考试时往往会有许多因素影响分数的高低。所以，我们不能一味地用分数来衡量孩子，忽视了其他会影响成绩的因素，比如阅卷的误差、试卷的难易、试题的质量、孩子考试阶段的心理因素，等等。

不分析这些因素的话，往往会忽视孩子真正的困难，使孩子得不到真正的帮助，使问题长期得不到解决。最好的方法不是训斥与埋怨，而是和孩子心平气和地谈一谈，不回避问题——可以问问孩子最近感觉怎么样？学校的学习氛围好不好？从围绕学习的自由谈话中，慢慢地，孩子就会将情况告诉你。

那么，孩子的成绩后退时我们该怎么办呢？希望以下几点能对你有所帮助：

一、帮助孩子分析退步的原因

当孩子成绩退步时，一定要指导孩子找出退步的原因，可以重新分析试卷，对失分的地方要认真查找原因，从根本上杜绝试卷上的错题再次出现。

如果家长不闻不问或只知道指责孩子，那无疑会重蹈覆辙。所以，有心的家长应让孩子记住失败的教训，写出以后应该注意的问题，因为失败的经验比成功的喜悦更加宝贵。

二、给孩子一个恢复自信的温暖空间

面对孩子一次考试的成败，我们只能更好地吸取教训，争取让他下次做得更好。其实，扮演家长这个角色不是件容易的事情，巧妙地给孩子铺好路，才能让他顺利成长。

平时对孩子一定要大度、关怀，给他一个温暖的家，一个可以快乐生活的地方。尤其是当他考试失利或犯了错之后，他心情不好时，一定要多关心他，这样才能让他从容地改过自新，才能重新鼓起勇气去努力进取。

第3节
怎样让孩子尝到进步的甜头——"攀山效应"

可以说，"望子成龙，望女成凤"是自古以来天下父母对孩子的不变期望。但是，期望虽好，可孩子长大后却未必能成龙成凤。因为在培养孩子的成长过程中，会经历许许多多的事情。要让孩子实现家长的"美好目标"，就得先让他慢慢变得优秀起来。

那么，如何才能让孩子变得优秀呢？

有话道："没有好处，就没有动机；尝不到甜头，谁也不愿意付出辛苦与努力。"所以，如果你想让孩子变得越来越优秀，最好能不断地给他一些"甜头"，就像攀山时一样，在"甜头"的驱使下，他才会一级台阶一级台阶地往上攀登，一步一步主动地去进取，这就是心理学上的"攀山效应"。

硕硕是个聪明的男孩，在读小学二年级，学习成绩也不错，就是语言表达能力很差，不会讲故事，甚至连平时的说话以及朗读课文都磕磕巴巴。

其实，硕硕的讲话能力并没有问题，只是他从小就过于腼腆害羞，很多话都说不出口，这样才影响了他的语言表达能力。

在学校里，每当老师要求同学们站起来朗读或背诵课文时，硕硕总是红着脸说"我读不好"，然后，便坐着听别的同学朗读，这使很多同学都经常笑话他笨。

这天放学回到家里，硕硕让爸爸给他买一个新书包，因为他的书包背带断了。

"如果你愿意跟我学习大声朗读课文，我就给你买一个最漂亮的书包。"爸爸拿出一个"甜头"说。

"好……好吧。"为了得到新书包，硕硕勉强答应了。于是，爸爸便拿出硕硕的语文课书，声情并茂地开始朗读课文《找春天》：

"春天来了！春天来了！我们几个孩子，脱掉棉袄，冲出家门，奔向田野，去寻找春天。春天像个害羞的小姑娘，遮遮掩掩，躲躲藏藏。我们仔细地找啊，找啊。小草从地下探出头来，那是春天的眉毛吧？"

"春天来了——春天来了！我们几个孩子……"在爸爸的带动下，硕硕只好跟着读，一遍、两遍……

"哇！硕硕，你读得不错啊！"爸爸鼓励地说。

"真的吗？"硕硕有点兴奋了。

"当然是真的！没想到你进步这么快，来，我们再一起读几遍！"爸爸继续鼓励。

"春天来了——春天来了！我们几个孩子……"

一遍、两遍、三遍……终于，硕硕可以一个人流畅地朗读这篇课文了。

自然，爸爸也说到做到，给他买了一个漂亮的新书包。

从此以后，爸爸总是不断地引导硕硕朗读课文，同时也锻炼他的语言表达能力。渐渐地，硕硕的表达能力越来越强，在爸爸不断施以"甜头"的引导之下，他竟然在学校里成了一个小小的"朗诵家"了！

对孩子而言，努力了才会成功；有了"甜头"，才会去尝试。特别是一些年幼的孩子，没有"甜头"和"好处"，他们是很难产生学习动力的。

所以，家长为了激发孩子的积极性，一定要运用好"攀山效应"，就像上文中硕硕的爸爸一样，为了激发儿子"攀登"的积极性，先承诺他一个条件，同时让他完成一件比较容易的事情。待完成后给他一点"甜头"，之后，再不断地用"甜头"引诱他，一级台阶一级台阶地往上攀登。

这种现象犹如登门槛或攀山时一样，需要在这种心理动机的驱使下才能顺利地登上高处。所以，当孩子慢慢地有了学习的自觉性，主动地去做一些事情时，我们的教育便成功了一半。比如：

"爸爸，这道题真难算，你像我这么大的时候会不会做？"儿子问爸爸。

"哎呀，我像你这个年龄时，这么难的题，爸爸真是连看都不敢看啊！"爸爸半真半假地说。

"真的吗？哈哈，你小时候还不如我吗？"儿子乐了。

"当然是真的了！爸爸小时候一点也不聪明，比你这聪明的脑瓜可差远了。不过，后来在你爷爷的开导之下，我也慢慢开窍了。

你看现在爸爸不是也很优秀吗？"爸爸说。

"哦，是吗？那你也开导开导我吧，我长大后也想像你一样优秀！"儿子说。

"好啊！把书拿过来，我想以你的聪明劲儿，长大后一定会比爸爸更优秀哩！"爸爸鼓励儿子道。

就这样，儿子开始主动向爸爸求教，不用说，这就是他进步的开始。

有教育家总结道："对孩子幼小的心灵来说，往往看到成功的希望，才有努力的动力。"是的，我们要不断在孩子幼小的心灵里播撒天才的种子，传播优秀的信念，让孩子在"我是好孩子"的心理状态下快乐地成长。

当尝"甜头"养成好习惯以后，就越做越有成功的感觉。如此，甜头越大，动力也就越来越大，孩子的收获自然也越来越多。所以，积累小的进步，才能化为大的胜利，我们一定要让孩子不断尝到甜头——每当孩子取得一小段进步时，就要及时地给予鼓励与肯定，让孩子清楚地看到自己的努力。

我们教育的第一方式，就是让孩子品尝成功的甜头，而不是吃失败的苦头。如果只有一味地努力，看不到任何希望与利益，想必进取的精神就会慢慢消失。

因此，如果我们整天盯着孩子的一些小缺点不放，对孩子总是不断指责，数落个没完，那么就会在无形之中打击孩子上进的积极性。

如果我们让孩子心灰意冷，从而让他越来越不想上进，那可真是教育的失败。所以，在孩子幼小的心灵中，我们应该不断给予希望的曙光，多称赞孩子的优点和长处，让孩子在"优秀孩子"的状态下快乐成长，才能收获一个美好的未来。

第4节
如何有效地激发孩子的上进心——"成就效应"

所谓"成就效应"，就是成就感，它是一个人上进奋斗的动机之一，也是人的心理发展过程中的一种需要。

在教育孩子的过程中，如果我们能够满足孩子的这种心理需要，就可以激发他学习上进的积极性。

大量的心理研究表明：那些"成就感"强的孩子，进取的积极性普遍很高，并且，他们的自觉能力与坚持能力都很强，内在的潜力发挥也非常好。

美国心理学家德西曾做过这样一个实验——抽调一些学生去解答一些智力难题。实验时，将过程分为三个阶段：

在第一阶段时，解题的全部学生都没有任何奖励。

第二阶段时，实验的学生分为两个小组：一组是有奖励的，一组是无奖励的。

这时，有奖励组的学生在每完成一个难题后，就可以得到一美元的奖励；而无奖励组的学生，不管完成多少难题都没有任何奖品可获得。不过，实验者却对他们的能力给予了充分的肯定。

第三阶段时，实验者不再强调学生去做题，而是让他们想做什么就做什么。之后，研究人员在一旁悄悄地观察。

观察的结果令人吃惊：有奖励组的所有学生都对做题失去了兴趣，他们大都精神涣散地做一些无关的事情；无奖励组的所有学生对解题仍然持有较大的兴趣，并且，他们基本还像原来那样认真地解题。

这个实验告诉我们：当一个人进行某项活动时，给他提供物质奖励反而会削减这项活动对他的吸引力；而如果给予适当的语言肯定，则会激发他对这项活动的兴趣。

这就说明，当孩子还没有形成自发的内在学习动机时，采取奖励机制远远没有适当的肯定能更好、更长远地去推动孩子学习进取的动力。

要知道，如果孩子已对某一种活动产生了兴趣，此时再给予奖励，其结果没准会适得其反；而及时又适当的肯定态度，则是对孩子最好的鼓励。因为这样可以使孩子产生一定的成就感，使他在心理上感到自己的努力没有白费。

所以说，"成就效应"是可以帮助一个人力求实现有价值的目标，可以促使人积极主动地去努力奋斗。这种积极的心理状态，一般来源于两个方面：

一是，来自于他人良好的评价或赞扬以及肯定的态度，从而引起了自我成就感。这使孩子从感情上激起了获得成功的喜悦，或建立起取得更大成功的自信心，所以，在这种成就感的驱使下，他们就会更加努力。

二是，来自于孩子心里内部的"成就感"。比如，孩子在制作某项手工活动时，取得了意想不到或发现了新的结果，这时他的内心一定无比激动，从而产生了兴奋的情绪。而这种情绪，就可以使孩子的内心对自己的能力产生一种满足感，促使他以后更好地将潜在的兴趣转化为现实，并成为起作用的"进取力"。

王彤上小学四年级，学习成绩一直很普通，尤其数学成绩很不理想，数学课本里的应用题她总是解答不出来。这样一来，每次数学成绩都不及格。

为此，爸爸很是着急，每天都抽时间给王彤辅导数学题，并且耐心地帮她一步一步地解答。慢慢地，王彤也领会了一些。

这天周末，爸爸又在给王彤辅导数学题。不大一会儿，几个同学来找王彤出去玩。这时，爸爸就故意当着那几个同学的面夸奖王彤是个聪明的孩子，这几天数学成绩有了很大的进步。

几个同学都向王彤投来称赞的目光，没想到，这更使王彤增加了学习数学课的兴趣和信心。因为爸爸的称赞和同学的肯定，激发了她学习数学的"内在动力"。

星期一的数学课上，老师出了道题让学生到黑板上解答，王彤竟破天荒地第一次主动到讲台上做数学题。她当时的心情有些紧张，还是鼓足勇气将题做完了。虽然没有做到全对，但老师还是对

她进行了表扬，当着全班同学的面夸奖她进步大。

这无疑增加了王彤对自己的信心，与此同时，在心理上也产生了一丝成就感。此后，王彤更加努力地去学习数学课，不久，她的数学成绩就提了上去。

我们知道，孩子都喜欢被表扬、被肯定，希望得到别人的赞许与夸奖，因为这可以增加他们的"成功效能感"和"自我荣誉感"，以驱使自己取得更大的成就或成功。

所以，在教育孩子的过程中，我们一定要注意增强孩子的内在成就感，以激发孩子学习上进的积极性，使"成就效应"产生应有的作用。

生活中有很多孩子都将父母、老师或他人的良好评价作为自己成长的标准，并以此来确定自己努力的方向。特别是那些自信心不足或性格不够活泼的孩子，如果能经常性地给予他们肯定和鼓励，便可以促使他们加强自我信心的动力，从而产生一定的"成就感"。

那么，家长在平时教育孩子时，一定要注意增强孩子的内在"成就感"，对孩子的每一点进步都要及时地给予肯定与认同，以激发孩子的成就动机，从而产生"成就效应"，使孩子取得进步。

培养孩子的"成就感"，激发孩子的上进心，具体可参考以下三个方法：

一、要先肯定孩子现在的成绩

不管孩子学得有多么糟糕，都需要肯定他现在的成绩，以维护他的自信心。

二、帮助孩子在学习上获得成功

可以说，学习成绩差的孩子，在平时的学习上很少取得成功，所以，他们也很少得到心理上的"成就感"。有心的家长可以先帮孩子在学习上获得一定的小成功，让孩子尝到学习的甜头，以满足他的成就心理，就能逐步激发孩子的进取心。就像比尔·盖茨说的："没有什么东西比成功更能鼓起进一步求取成功的努力。"

三、创设多种条件，让孩子获得更多成功的机会

家长可以创设多种条件，为孩子创造一些获得更多成功的机会。比如，开展广泛的社会活动，让孩子学会帮助他人；多参加一些体育、文艺等方面的活动；进行一些小发明、小创造等，这些都可以让孩子取得一定的"成就感"，从而使他不断上进！

第5节
有没有必要让孩子争当第一名——"第十名效应"

可以说，"不让孩子输在起跑线上"是很多家长的心愿，做什么都想让自己的孩子抢先，尤其对孩子的成绩是只争第一不争第二。

是的，没有一定的实力，孩子是竞争不过别人的。然而，一味地让孩子争当第一名真的好吗？

无数的生活实例与大量的研究调查表明：那些当年成绩数一数

二备受老师与家长宠爱的学生，在进入大学或参加工作后往往会淡出优秀的行列；而那些从小不怎么被老师或家长看好的学生，往往出乎意料地成为"栋梁型"人才，从而爆发出了令人意想不到的潜力。

这是为什么呢？这就是心理学上所讲的"第十名效应"。关于这种现象，杭州市天长小学的周武老师颇有见解。

在 1989 年时，周武老师受他人邀请参加了一次往届的毕业生聚会。宴会上有很多认识的学生，在大家的相互介绍中，他惊奇地发现：当年那些曾经成绩优异、数一数二的学生，现在却并非依然优秀，他们的职务大多普通，有的甚至在就业方面还屡屡受挫；而那些当年在学校里成绩并不出色的学生，他们却担任着公司老总或企业家等一些成功人士的角色。

怎么会这样呢？

这个发现引起了周武老师的好奇心，于是他开始用心地关注一些毕业后的学生，并对他们进行了详细的追踪调查。后来，在对 151 位学生经过长达 10 年的跟踪调查之后，周老师发现：

每一个学生的成长，都是一个不断变化的动态过程，并且，在这种动态变化中，随着年级的升高，他们的成绩名次也会出现不断波动的现象。

尤其是那些在小学时排名在前 7 到 15 名的学生，他们进入中学后，其名次往前移的比例竟然高达 81.2%；而那些在小学时成绩非常优秀的学生波动最大，原来成绩排前 5 名的同学在进入中学之后，名次往后移的比例高达 43%，这就出现了"后来者居上"的现象。

后来，很多老师对周武老师提出的"第十名效应"都颇有同感。那么，为什么会出现"第十名现象"呢？究其原因，还与家长从小对孩子的"成绩排名"有过高的要求有关。

因为我们总是单纯地以学课成绩来判定孩子是否优秀。殊不知，当我们一味地督促，甚至强迫孩子挤进"前三名"或"前五名"的时候，却忽略了孩子在潜能开发、兴趣爱好、知识面以及个性品格等方面的培养与发展。

并且，"尖子生"不管是在学习上还是在生活中，都很容易得到老师与家长的特殊关照，这在无形中削弱了他们的独立能力。于是，随着年龄的增长、升级后教学方法的改变，以及接触社会与生活的情况不断增加，那么，他们当中一些不适应的人，就会逐渐"淡出"优秀学生的行列。

另外，那些原来成绩处于中等、不怎么优秀的学生，虽然他们的成绩不是拔尖的，但是他们大都学得较为轻松，并且兴趣广泛。由于他们的独立能力较强，所以他们有很大的发展潜力，这样，他们在健康的学习心态中越来越有"后劲"，最终反倒成了优秀人才。

由此可见，我们教育孩子要放长眼光，切不可急功近利。因为孩子的成功和未来不只表现在眼前的成绩上，还要看孩子的品德、健康、知识、能力等全面的素质，只有从小培养孩子全面、均衡的发展能力才是上策。

旭旭是个懂事的孩子，学习成绩却是一般。他的同桌小强成绩则非常好，总是班里的前三名。不过他们俩的关系非常好，经常在

一起学习。可是，每当两人在一块学习的时候，旭旭的妈妈就不停地夸奖小强学习好，同时指责旭旭不好好学习。

对此，爸爸却不以为然，他认为虽然旭旭学习成绩不是很好，但为人善良、诚实，并且很有责任心，觉得儿子这样挺好的。

新学期开始，老师要选一个品德兼优的学生当学习委员，就让每一个学生写个选举纸条。最后，老师查看答案时，大部分纸条上都是旭旭的名字。

回家后，当旭旭将这个消息告诉爸爸妈妈时，妈妈一下子乐坏了，连声感叹："你还能当学习委员，真是没想到啊……"爸爸一副得意的样子："呵呵，我就说旭旭一定会成为一个优秀的孩子。"

是的，一个优秀的孩子不只是成绩好，他还应该具备一定的品格、情商以及健全的心理素质等。所以，我们不能只看重孩子的目前表现，为了他们的长远发展，不要紧盯住眼前的成绩与学习情况。要知道，孩子幼小的心灵承受不了太多的负担，快乐的童年才是他们最需要的东西。

那么，我们该如何让孩子快乐地学习与生活呢？希望以下方法对你能有所帮助：

一、先反思自己的教育理念

作为家长，我们应该对自己的教育理念和教育方式进行反省，不要看到孩子的成绩不断上涨就欢天喜地，而发现孩子的成绩有所下降便暴跳如雷。

殊不知，这会让孩子产生唯有成绩至上的心理，导致他只管成绩，什么都不顾，于是就往往出现了作弊或弄虚作假的学习行为。所以，我们要认识到，孩子的所有表现和家长的教育有很大关系。

二、不把成绩当全部

成绩只不过是对上一个阶段学习情况的检测，它不代表以后的学习状态，更体现不了孩子的全面素质。所以，家长不要总以成绩好坏来评判孩子，要知道，成绩不是生活的全部。

"第十名效应"告诉我们，在孩子的教育上，要使他在学业智力和成功智力上保持协调、平衡。所以，平时我们应多了解孩子实际的学习状况，再根据孩子的情况，帮助他找到进步的方向。

三、培养孩子良好的心态

如果我们一味地让孩子追求好成绩，却心理脆弱得经不起挫折，那么，一旦遇到困境就难以适应或突破。所以，孩子就算成绩再好，走上社会以后也不可能什么都会做，更不可能生活得一帆风顺。

因此，我们在让孩子好好学习的同时，培养他的心理素养与各方面的能力也非常重要。比如，发展孩子的人际沟通能力、领导管理能力、艺术创作能力、动手能力等，都是孩子将来可以好好发展下去的法宝。

正面管教
儿童行为心理学

第6节
怎样才能帮孩子提升学习记忆力——"遗忘曲线"

可以说，每位家长都希望自己的孩子记忆力超强，对学过的东西能过目不忘。

对于人类的记忆力问题，德国心理学家艾宾浩斯曾专门做过科学研究，他发现记忆力虽然是人天生的能力，但"遗忘"则是在人们刚刚学习之后就开始了，并且遗忘的进程还有一定的规律。

他发表的实验报告如下：人们接触到的信息在经过自己的学习后，会有一定的记忆与遗忘。后来他做了一个非常著名的实验，选用了一些没有意义的音节与一些毫无规律的字母组合，如"cfhhj，ijikmb，rfyjbc"等。

通过自我测试，他得到了一些精确的数据。后来，他又用两组学生做了一个学习一段课文的实验：甲组在学习后不复习，一天后记忆率36%，一周后只剩13%；乙组按艾宾浩斯记忆规律复习，一天后保持记忆率98%，一周后保持86%。

可见，乙组的记忆率明显高于甲组。

后来，又通过多次的研究与实验，艾宾浩斯绘成了描述遗忘进程的曲线——遗忘曲线。

遗忘曲线规律表：

时间间隔	保持的百分比	遗忘的百分比
20 分钟	58%	42%
1 小时	44%	56%
8 小时	36%	64%
1 天	34%	66%
2 天	28%	72%
6 天	25%	75%
31 天	21%	79%

从这个规律里面，我们可以看出遗忘速度受时间间隔影响，并且，遗忘的速度是先快后慢。观察这个曲线表，我们就会看到，学的知识在一天后如不抓紧复习，就只剩下原来的34%。随着时间的推移，遗忘的速度减慢，遗忘的数量也就减少。并且，艾宾浩斯还发现，人的记忆保持在时间上是不同的，有长时间与短时间两种。

有的时候，人们在学过或做过什么事情之后很快就忘记了，过些日子也不能回忆起来，或者记忆与再认知有偏差或者是错误的，这些都是属于大脑遗忘。

这时我们可以得知，人的记忆力与遗忘都是有一定规律的。遗忘的规律是先快后慢，记忆的规律是先高后少，并且，它们的进程不是均衡的。尤其是在记忆的最初阶段，脑细胞的遗忘速度最快，后来则会逐渐减慢。而到了相当长的时间后，几乎就不再遗忘了，这就是遗忘曲线的发展规律。

那么，面对孩子一时的学习效果不好或效率不高，我们就不要再认为是孩子不够聪明，记忆力差，从而降低了对孩子的学习要求。因为孩子的记忆力也是思维方式的一种，所以它也有自己的发展规律，我们只要能找到这个规律的运转方式——"遗忘曲线"，就可以降低孩子对所学知识的遗忘，能大幅度提升孩子的记忆能力。

我们了解"遗忘曲线"之后，就可以帮孩子做好学习的记忆力计划。因为，如果孩子学的知识不在一天后抓紧复习，就会被遗忘得所剩无几。

那么，我们该如何帮助孩子制定合理的学习计划，减少遗忘、提高记忆力呢？希望下列方法能对孩子有所帮助：

根据艾宾浩斯的遗忘曲线，科学家对复习时间做了这样一个科学的安排——具体复习时间：

第一次：20分钟

第二次：1小时

第三次：2小时

第四次：1天

第五次：1周

第六次：1个月

第七次：3个月

有了具体的复习时间后，我们就可以让孩子按照这个规律进行复习。

为了提高记忆能力，科学家又研究出了"抗遗忘"的快速记忆法，这里选了 3 种效率最高的方法以供孩子使用：

一、联想记忆法

1. 所谓联想，就是由某一事物或概念去想起其他相关的事物或概念。

2. 联想的方式可分为几种类型：对比联想——高和低；接近联想——长江与黄河；空间联想；方位接近等。

比如，空间接近联想记忆诗词法：

"千山鸟飞绝，万径人踪灭，孤舟蓑笠翁，独钓寒江雪。"

山：视点远；径：目光回收；孤舟：继续回收；钓：视点最近。

其规律是：千山——万径——孤舟——独钓。由远及近。

"串联联想记忆法"是把若干事物以一种情节串联起来。如：鲁迅的小说以《阿 Q 正传》《孔乙己》等最为著名，《祝福》《故乡》《狂人日记》也很出名。这时为了便于记忆，可以让孩子串联起来，如"阿 Q 约孔乙己一起到故乡去看《狂人日记》，祝福狂人早日康复"。这里要注意，创造串联尽量夸张、离奇、大胆，这样更容易让孩子记住。

二、 物象记忆法

1. 所谓物象，就是一些客观的事物反映在我们大脑中的形象，再把抽象的文字转化为生动的图像画面。但物象的形象要细致具体，如香蕉的颜色、外形、皮质。

2. 让孩子认真地观察、思考，并发现一些事物的特点：如猫咪睡觉的样子、走路的特点等。

3. 让孩子学会仔细辨别、区分一些物品：如每辆车间的不同点，

车牌号、车标。

4. 教孩子把抽象的材料转化为形象的材料：如买些折纸，让孩子自己动手折成物品的形状。

三、谐音记忆法

所谓谐音，就是让孩子把读音相近或相似的字、词关联起来，比如五代有后梁、后唐、后晋、后汉、后周，就可以让孩子这样记忆"凉糖进汗粥"，简单的理解便是"把冰凉的糖放进让人冒汗的粥里"。

再比如数字编码：08——冬瓜（0 也读作 dòng），06——冻肉，47——司机，83——爬山。

此外，还有两个具体实用的让孩子记忆力提高的方法：

一、睡前记忆法

科学研究发现，人在睡眠的过程中，我们的记忆能力并未停止，对于刚接收的信息，大脑会进行归纳、整理、编码及储存。那么，晚上临睡前的这段时间正好是提高记忆的最佳学习时间。

根据艾宾浩斯的遗忘规律，对学习的内容最好能在 24 小时之内进行复习，所以，晚上临睡前让孩子对学过的知识稍加复习，便可以巩固记忆，由短时记忆转入长期记忆。

二、清晨记忆法

有研究发现，在清晨起床后的一段时间里，是脑细胞发展的一个记忆高峰期。这时，大脑不会受之前学习过的知识对记忆的影响，非常适合记忆新内容，并且，还非常适合学习一些难以记忆而又必

须记忆的知识，如数学公式、单词等。所以，千万不要让孩子浪费
掉这个提高记忆的黄金时间。

第7节
孩子越来越不想学习是怎么回事——"厌学症"

明明读小学四年级，自小就比较受娇宠——不说爷爷奶奶对他
非常溺爱，就连爸爸妈妈也对他关爱有加，平时的"吃喝玩乐"是
应有尽有，让明明享有充分自由玩乐与物质享受的权利。

但在明明的学习上，爸爸妈妈却不督促，也不辅导，而是凭明
明的兴致而定——什么时候想学习了，就写点作业；不想学了，就
扔下功课去玩耍。

可以说，明明根本不管学习，整天就知道玩……这样一来，由
于在学习上不愿独立思考，又没有养成按时完成作业的习惯，他的
学习成绩自然很差，在班级就少不了受到老师的批评。尤其当老师
逼着他完成当天的作业时，他就觉得这样"太苦""太累"；在课
堂上，老师让他解出黑板上数学题的时候，他觉得简直是在地狱里
受煎熬……

渐渐地，明明一见到课本，心里自然地畏惧、退缩了。后来，
他就不断地逃学，再后来，就退学了。

可以说，生活中有很多像明明这样的孩子，特别讨厌学习——一写作业就说头痛，有时勉强学习一会儿也是敷衍了事，平时总是找这理由、找那理由，就是不想完成作业。

其实，孩子的这种行为是患上了"厌学症"，它是孩子学习心理障碍中最普遍、最具有危险性的问题。从心理学角度讲，它是处在学龄期的孩子不愿意学习、不想去学校读书的行为。

患有厌学症的孩子，对学习知识存在偏差，思想上消极对待学习，在行为上更是主动远离学习，比如，不认真听课、不完成作业、怕考试。

此外，有厌学心理的孩子，还会逐渐产生"逃学"的念头，尤其是情况严重的孩子，还往往出现"恨书""恨老师""恨学校"的情绪，从而出现旷课、逃学的行为。

因此，厌学症对孩子的生理健康及心理健康都具有很大的危害性。

其实，说起孩子厌学的原因也不是无缘无故的，至少有这些客观的原因存在：家长的漠视、社会的偏见、老师的批评、同学的歧视。

要知道，平时家长与课外辅导班在学习上给予孩子过大的压力，就会使孩子的心里出现消极对待学习的情况。如果孩子在生活中无人理解与关怀，平时品尝到的只是失败感和乏味感，那么，他就会用消极的态度去对待学习，从此一蹶不振，患上厌学症。

这主要有以下几方面原因：

一、孩子缺少关爱

如果孩子长期得不到父母的关爱，就会觉得自己很可怜，于是他们幼小的心灵显得更加脆弱，产生消极心理，从而胡思乱想，开始放纵自我，对学习置之不理，厌学情绪也随之产生。

二、孩子学习目标不明确

没有明确的学习目标，就没有求知欲望，缺少学习动机，学习效率低下，造成学习成绩很差。慢慢地，孩子觉得学习没意思，就会从心底产生对上学和学习的厌恶情绪。

三、学校教育的原因

有的学校为了升学率，采用千篇一律的"填鸭式"教育，不顾学生的身心健康，而是对学生布置了海量的作业任务。当孩子心中难以承受时，就会产生厌倦心理。

此外，有的教师排斥差生，比如，对考试不好的学生进行体罚，从而挫伤了孩子学习的积极性与自尊心。

四、家教过严

有的家长信奉"棒打出孝子"的落后教育理念，经常用粗暴的教育方式对待考试失利的孩子，殊不知以"武力"相逼的教育方式，不但会给孩子的身心带来伤害，还会让他产生不想上学的强烈念头。

五、社会环境因素

在一些地方，往往会受到社会环境"大气候"的影响，比如有的大学生毕业后面临着找不到好工作的处境，而不上学、早早就出去打工的孩子，后来买了房、买了车——于是，人们出现了"拜金主义"，认为学习无用，知识不重要。那么，在这种思想观念的引

导之下，孩子就会产生"学好、学坏无所谓"的心理，从而导致厌学行为。

六、家长疏于管教

生活中有很多家长平时无心管教自己的孩子，他们只知道每天早出晚归做生意，或是一心只想着炒股，从而不对孩子进行思想教育，对孩子学习的好坏不关心，孩子逃没逃课也不清楚，总之对孩子的学习情况茫然不知，从而导致孩子任性、弃学。

心理学家研究认为，厌学心理的出现给孩子的生理与心理都会带来相当大的危害，不但会影响学业与今后的人生发展，而且在厌学的过程中，孩子的心理还会产生由于内外冲突而导致的心理疾病。

作为家长，我们应及早帮孩子化解厌学情绪，希望以下几点方法能对你有所帮助：

一、经常给孩子减压

家长平时对孩子的期望不要过高，必要时还要学会给孩子减压。

要知道，很多时候孩子厌学是因为学习压力过大，家长给他定的目标过高、作业量过大等因素都会使他越来越讨厌学习。孩子毕竟是孩子，承受不了太多的压力，所以为孩子卸掉一些学习的重担，才能改变他的厌学情绪。

二、培养孩子稳定的学习情绪

孩子的认识只有逐步提高，才能有一个完善的自我。所以，家长要不断提高他对学习的认识水平，使他意识到学习的重要性，明白学习是他自身的需要，从而养成良好的学习习惯，稳定他的学习情绪，这样就不会那么讨厌学习了。

三、给孩子宽松的学习环境

很多家长对孩子的学习看得很紧，不允许孩子有丝毫松懈，不给孩子一点娱乐的时间。殊不知，让孩子经常处于枯燥与单调的生活方式以及种种压力之下，孩子不讨厌学习那才奇怪呢！

所以，我们应该让孩子快乐地学习或让他随意地做些自己喜欢的事情，而不是让他总处在狭隘、单调的生活之中。要知道，只有宽松、有趣、温暖、和谐的学习环境，孩子才不会讨厌学习。

四、培养孩子坚定不移的学习意志

失败不灰心，成功不骄傲。有心的家长应培养孩子坚定不移的学习意志，平时应多鼓励、督促孩子去学习。可以给他设一个力所能及且具体的目标，并提供适当的奖励条件，慢慢培养孩子具有不达目的决不罢休的顽强精神，孩子就不会因为学习困难而厌学了。

五、给孩子满满的关爱

家长的关心与爱护就是孩子疗伤最可贵的灵丹妙药，面对孩子的厌学情绪，我们要对他倾注更多的关爱。当他感受到我们对他那份浓浓的爱意时，相信他也不会忍心去辜负我们对他的期望。所以，关爱是化解孩子厌学心理的良药，可以让他在思想上慢慢转变不良的学习观。

六、创造生动有趣的学习环境

一个枯燥无味的环境，别说是孩子，就是我们也很难长期待在其中。所以，有时间的话，家长可以经常带他去参观、旅游，让他边玩边学习；也可以多给他讲讲古今中外的名人故事；或是与他一

起玩有趣的游戏，从而让他的生活变得灵活多样起来，以激发他的学习兴趣。

七、"成功激励法"

有心的父母可以利用成功的喜悦之情来化解孩子的厌学情绪，因为人人都想感受到成功带来的喜悦。比如，虽然孩子的学习成绩不怎么好，但他这次的背诵课文还不错，这时可以借此机会夸奖他一番，或给他一些奖励，以肯定他在这方面的能力。

由于这是一种令人兴奋快乐的心情，孩子受到激励以后，就会更加用心，会更加积极地去进取。这样，就可以不断取得"成功的机会"来推动他学习的积极性，从而慢慢化解他的厌学情绪。

第三章

良好品格是人的根本，
及时纠正孩子的不良观念

　　对于成长期的孩子来说，在日常生活中他的好习惯和坏习惯都会同时存在。如果我们能适当地运用强化定律，那么，就可以帮助孩子矫正不良习惯、保持好习惯。

第 1 节
孩子遇事总是悲观绝望怎么办——"斯万高利效应"

在美国亚利桑那州的一次博览会上，有人展示了一种看似简单却又让人着迷的扑克牌游戏：展示者先将这副普通的牌摊开，让大家清楚地看到每张牌的牌面都有什么不同。然后，他又随便找了一个观众，请他任意抽出其中的一张牌，再让观众们看看这是一张什么牌，却不必告诉展示者。

假如抽的这张牌是黑桃 K 或是别的什么，只要那个观众随意地将这张牌塞回到整副牌的中间即可。之后，展示者就开始洗牌，而且洗牌时很随意，并没有什么技巧，也没玩什么花样。洗过之后，展示者大叫一声"斯万高利"，便将整副牌全都摊开了。这时，观众却看到每一张牌都变成了黑桃 K，这就是心理学上著名的"斯万高利效应"。

这个效应一旦形成恶性循环，后果就很严重。因为它是一个连锁性质的心理反应——当一个人受了打击而心情悲伤时，如果不设法及时地疏通或排解，这种痛苦的心情就会像神奇扑克中被抽中的那张黑桃 K 一样，将会迅速地繁殖与增强，使消极的情绪扩张到整个心头。

这时悲伤者的精神就会蒙上一层厚厚的失败阴影，再也看不见其他的色彩或事物，在他眼里整个世界都变成了灰色的，于是在这种绝望的情绪之下，往往就会做出极端的事情。比如，一些孩子在困难、挫折前一碰就碎，轻易抛弃了自己可贵的青春年华。

这是因为孩子年龄的原因，他们所经历的事情很少，当面临重大挫折的时候，不懂得如何处理自己的挫败感，不知道如何驱散自己的消极情绪。在这种情况下，孩子很容易养成悲观的性格，从而失去应有的童年快乐。

建建是个懂事又聪明的五年级同学，他的学习成绩一直都不错。但是，在这次期中考试之前，他由于感冒加重而患了肺炎，住院治疗了好多天耽误了去上学。不过期中考试他参加了，但成绩却很差，为此他在学校里哭了一个下午。

放学回到家里，建建仍然双眼红红的。妈妈问他怎么了，建建一下子扑进妈妈的怀里又大哭起来："呜……妈妈，我再也考不好了，再也拿不到好成绩了！你看我落下了这么多的功课，怎么补习都学不好。而且，由于我的学习下降，同学们也都在嘲笑我，他们再也不愿意像以前那样跟我玩了。妈妈，我该怎么办呢？我心里好痛苦啊……"

妈妈怎么也没有想到，一次偶然的没考好却引起了孩子这么多的担忧，还令他这么痛苦。建建小小的年纪怎么会这样呢？抱着这样的思想，他该怎么继续学习呢？

妈妈细想了一番后，对建建说："孩子，你看过跳远比赛吗？"

"看……看过呀。"建建迟疑了一下说。

"那我问你，跳远的运动员在起跳之前，为什么总要退后几步？"妈妈接着问建建。

"他们当然要退后几步呀！这样准备更充足，才能跳得更远。"建建不假思索地说。

"哦，是的。那你现在退后几名，不就是为了以后能考得更好吗？"妈妈说。

"哦，妈妈，我明白了！"建建终于恍然大悟，妈妈的一番话彻底驱散了积压在他心里的消极情绪，使他恢复了以往的学习劲头。

家长一定要时刻关注孩子的情绪变化，当孩子遇到挫折时，家长要教孩子正确地认识挫折，并帮助孩子及时排除挫败感的干扰，以免时间长了积久成疾，从而形成一些不良的心理问题与心理疾病。

孩子很容易因为一时地想不开或情绪低落，从而形成悲观、厌学的不良心态。面对孩子表现出来的悲观情绪，家长要让他们知道，每个人都有自己的不幸，比如同学甲放学回家后说："妈妈，我今天可倒霉了，不但在学校里受到老师的批评、同学的嘲笑，就连在放学的路上也非常不幸：为了躲避一辆逆行的三轮车，我赶紧将自行车打把，结果一下子摔了个跟头……"

那么，面对孩子认为自己是这个世界上唯一不幸的人，或者自己是最不幸的人的时候，父母该怎么办呢？

"孩子，叫我说你今天应该是幸运的。你做得很好，面对飞驰

而来的车辆一定要及时躲避，在马路上一定要遵守交通规则，才能
使自己和他人都安全。因此，你只是摔了个跟头，而不是撞上三轮
车。再说，你受了老师的批评，便会收获经验，下次肯定不会再犯
如此的错误了，是吧？"妈妈分析道。

当他听了妈妈这样的回答，消极的情绪肯定会缓和很多。

要想改变孩子的悲观性格，平时一定要注意观察孩子，多关心
他的思想情绪，要时常向他灌输乐观的思想。平时要告诉孩子，每
一件事情都有幸运与不幸两个方面，关键是你如何看待它。让孩子
看到光明的一面，教育他凡事多往好处想，让他学会自我调节，从
而使他保持乐观的情绪。

当发现孩子有心事时，要及时鼓励他把心中的苦水与郁闷说出
来，帮助他克服所遇到的困难，帮他减轻心理负担，帮他排除心理
障碍——告诉孩子，当事情发生时，不去考虑它不幸的一面，而是
去寻找它幸运的一面。当这种思维成为孩子的一种思维习惯时，他
就会成为一个快乐的孩子。

此外，还可以采用以下两种方法：

一、为孩子营造快乐的家庭氛围

要知道，在充满敌意甚至是暴力的家庭氛围中成长，是很难培
养出乐观开朗的孩子的。所以，我们要为孩子提供一个温馨、和睦
的家庭环境，不要经常训斥孩子，不要处处否定他的思想。让孩子
随时保持愉快的心情，才是让孩子情感绽放与心理健康发展的基石，
这样才能引导孩子以积极乐观的心态去对待周围的人和事。

二、经常分享孩子的快乐

就孩子来说，他们的生活应该是充满快乐的。因此，当孩子兴致勃勃地把他认为快乐的事情告诉我们时，我们也应该做出和他同乐的样子，再去慢慢地分享他的快乐。

第 2 节
为什么孩子总不说实话——"说谎心理"

瑞士心理学家让·皮亚杰说："撒谎的倾向是一种自然倾向，它是如此自发、如此普遍，我们可以将它当作儿童自我中心思维的基本组成部分。"是的，人是天生会撒谎的动物，一天中所讲的谎言，往往比他自己所意识到的讲得更多。

尤其是一些孩子为了推卸责任或逃避惩罚往往会谎话连篇，比如，当你看到地上打碎的茶杯，问："这是谁干的？""是猫咪跳上桌子打翻的！"孩子若无其事地回答——就算猫咪当时根本就不在场，他也会回答得理所当然。

美国心理学家费尔德曼说："我们常常会不自觉地向对方撒谎，而且很多时候连想也不想谎言就随口而出了。比如，你穿这件衣服真漂亮；我给你打过电话，但你没接；家里突然有很重要的事，眼下去不了了……诸如此类的谎话，可谓是数不胜数。"

对于谎言我们并不陌生，生活中有很多人不动大脑也能随口说出两句不着边际的谎言，何况是孩子呢。可以说，就连几岁的孩子都不愿意承认自己犯的过失，从而编造出各种理由来为自己狡辩。

关于说谎的现象，美国广播公司曾进行过一次民意调查，调查由新泽西州约翰逊医学院的刘易斯博士进行，调查之后的统计结果使他发现：每人每天平均最少说25次不靠谱的话，而且，有很多人往往认识不到自己经常撒谎。

对于人们的谎言，费尔德曼认为它产生的动机有不同层次之分，一般可归为三大类：

第一类人撒谎，是为了讨别人欢心，让人家感觉好一点。

第二类人撒谎，是为夸耀自己或是想装派头。

第三类人撒谎，纯粹是为了自我保护。

那么，从这三类中我们可以得知人们为什么撒谎。

关于孩子惯于说谎的现象，德国儿童心理学家斯特恩研究认为，在孩子成长到7～8岁时，往往不能完全陈述事情发生的真实过程，所以，他们会根据自己的需要或想象而夸大、扭曲现实。所以，此时的孩子并非要欺骗谁，他们甚至不知道自己在做什么。

面对孩子说谎，很多父母都难以容忍。其实，很多时候是我们自己低估了孩子的能力，以为这些小家伙只是为了要赖而撒谎——殊不知，真正让他们感觉受伤或内疚的，是爸爸妈妈愤怒中隐藏的沮丧和难过。

对于孩子的谎言，我们没有必要深恶痛绝。只不过，孩子还分不清是非、不知道事物的轻重，不清楚什么事能说谎，什么事不能说谎，所以，我们不应该纵容孩子说谎。

一个周六的早晨，奶奶起床后看到亚亚一个人在客厅里"嘤嘤"地哭泣，就问他："宝贝怎么了，哭啥呢？"

"爸爸妈妈骂我，还打我，呜呜……"亚亚一边哭一边说。

"啊？他们怎么能这样，我去说他们！咦，他们人呢？"奶奶看了看房间说道。

"他们都不想管我了，都去公司加班了，呜呜……"亚亚仍然一边哭一边说。

"哦，这周六还上班啊？那也不能拿孩子出气呀，看回来我不骂他们……"奶奶气呼呼地说。

"嗯嗯，只有奶奶你最好。"亚亚赶紧抱住奶奶撒娇。

下午，爸爸妈妈回来后，奶奶便质问他们为什么早上责骂亚亚。

"我们没有责骂他呀，我们只是急着去加班。"爸爸说道。

过了一会儿，妈妈突然想起了什么，说："哦，我知道了，可能是昨天晚上我们答应亚亚今天带他去动物园，只是单位领导突然打电话让我们去加班，就没有去成！"

"哦，原来是这样啊。那你们怎么还打亚亚了呢？"奶奶又问。

"什么？我们根本没打他呀！"爸爸说，"哦，我想起来了，当时他抱着我的腿不让我去上班，我就轻轻推开了他一下。"

"哦……"奶奶明白了。

现在一切都真相大白了，亚亚早上哭得那么伤心，只是因为爸爸妈妈没有带他去动物园玩。看来，孩子的话可真是有一多半不真实啊，奶奶心里想。

可以说，孩子撒谎是常有的事，但不论多大多小的谎言，家长一定要多重视。当发现孩子真的说谎时，一定要及时杜绝，要知道，孩子撒谎没被识破之后，心里就会形成一种意识，认为撒谎可以蒙混过关——一旦孩子撒谎成性，就会酿成难以挽回的苦果。

心理学家还告诉我们，人在撒谎时往往会产生一些特殊的表情，比如，声音突变、眨眼频繁、不敢正眼瞧人、笑容较少、耸肩、瞳孔收缩、不断地摸鼻子、清喉咙、说话停顿等。

上述这些情况，只要我们留意一下，就不难发现孩子说的是谎言还是实话。但是，不可以对孩子进行打、骂等惩罚手段，因为受到严厉惩罚的孩子，往往会更加采取说谎的方式来保护自己。

所以，想让孩子避免说谎，对孩子有撒谎的行为不要勃然大怒，接着把孩子狠狠地训斥一通。应该先弄清楚孩子说谎的原因，之后再进行适当的处理与教育。

那么，怎么纠正孩子的撒谎行为呢？希望以下几个方法能对你有帮助：

一、了解孩子说谎的原因

不要一开始就训斥孩子，而要认真分析孩子撒谎的原因。要知道，孩子之所以说谎，大多数情况是因为害怕受到惩罚。所以，要先了解情况，才能做出正确的处理方式，从而进行合理的教育。

二、耐心地教育孩子

当发现孩子说谎后，态度要和蔼，要耐住性子，让孩子在拥有足够安全感的情况下，搞清楚事情发生的经过。分析孩子是有意说

谎还是无意说谎，从而耐心地教导，让孩子承认自己的错误，保证下次不犯就可以了。

三、为孩子做出诚实的榜样

俗话说"上梁不正下梁歪"，要想让孩子做一个诚实的人，父母就要以身示范。要知道，孩子是沿着父母的脚印成长的，如果父母本身思想、行为不够端正，就难免孩子会动歪脑筋。

此外，以下方法也可参考：

1. 平时多关心孩子，对孩子的要求不要太高。孩子做错事，要和他一起分析错在哪里，建立正向的行为。

2. 孩子勇于承认自己做错了事后，应马上用比较特别的语言表扬他。

3. 如果你发现孩子说了谎，不要立即在其他人面前指责，最好找一个合适的时间单独与孩子谈。

4. 要信任并理解孩子。让他知道，即使他说了谎，你还是爱他的，你能理解他的心情。

5. 如果孩子还是一再地说谎，而你也不知道该如何处理的话，最好是找儿童心理专家帮助你。

6. 千万不要用严厉的惩罚来威胁孩子，这个办法往往会让他起逆反心理，从而说更多的谎话。

第3节
孩子的自卑心理很重怎么办——"杜根定律"

"强者未必是胜利者，而胜利迟早都属于有信心的人。"这是美国橄榄球联合会前主席 D. 杜根提出的"信心决定成败"的说法。也就是说，只要你有自信，就算开始你不是最好的，到了最后你也能成为最好的。后来，它就成为了著名的"杜根定律"。

有人说："自信是一根柱子，能撑起精神的广漠天空；自信是一片阳光，能驱散迷失者眼前的阴影。"可见，自信对一个人的成长非常重要，尤其是孩子，只有充满自信才能胸有成竹，才能使他们无所畏惧地走向成功。

在一次有关孩子心理的研究调查中，发现约75%的孩子有自卑心理，并且，这些孩子产生不良情绪的原因大都是来自于家长的负面评价。可见，孩子的心理是自卑还是自信，基本与家长的教育方式有关。

为了孩子的健康成长，我们应该改变自己的教育方式。

比如，孩子在路边玩耍时捡到一块鹅卵石，高兴地拿给妈妈看："妈妈，你看我捡的石头多么漂亮。""哦，果然很漂亮呢，你真有眼光！"相信孩子听了一定会满心欢喜，从而更加积极地发展自

己的探索意识。

如果妈妈这样说："漂亮什么呀？看你弄得两手都脏兮兮的，赶紧扔了它，去洗手吧。"那么，孩子的激情可能瞬间就熄灭了，并会很不高兴地将石头扔掉，垂头丧气地去洗手，可能此后都不会有积极探索的兴趣了。

由此可见，我们一定要多了解孩子，多关心孩子，发现孩子缺乏自信时，一定要及时帮助他——要帮助孩子点燃自信的明灯，让他仰起头来做人。

一个自卑的孩子，往往不敢面对现实与他人，总是低着头走路，长时间下去，不但会使脊背的骨骼变得弯曲，而且心灵也会变得扭曲，这样会影响孩子的身心健康发展。

小亮今年 8 岁了，虽然他与别的孩子一样有着可爱的脸蛋、健康的身体，但他却认为自己是个很"无用"的人。尤其是最近一段时间，小亮拒绝再去上学，他说自己是班里最笨的学生，同学们哪一个都比他聪明，他每一次考试都考不出好成绩，经常受到老师的批评与同学的嘲笑，所以非常讨厌上学。

小亮为什么会这样呢？主要是因为他太自卑了，眼中的世界几乎一片黑暗，没有任何自信能感到生活的美好。

后来才知道，小亮的心理状态与妈妈有莫大的关系。

原来由于爸爸常年在外地工作，妈妈一个人在家照顾他，还要不断地外出工作。这样，辛苦的妈妈也常常心情不好，于是对小亮经常没个好脸色，不是动不动说他笨，就是指责他这儿不好、那儿不对……这样，天长日久，小亮小小的年纪就形成了自卑心理。

教育家徐特立说："任何人都应该有自尊心、自信心、独立性，不然就是奴才。"好孩子不是骂出来的，好成绩也不是抱怨出来的。

作为家长，平时要多关心孩子，纵然孩子有再多的不对，也不能经常批评他、否定他，更不可以对他的缺点进行辱骂，因为一味地贬低与责骂，会给孩子幼小的心灵带来极大的打击与不满。

发现孩子经常表现出落寞或自卑的情绪时，这时一定要多关心他，因为这种情绪是不健康的，不但会影响自信心的产生，还会影响性格的形成及以后的发展，使那些本来可以改正的缺点，却因父母的指责而对自己彻底失去信心。所以，这时千万不可以再给孩子施加压力，而应帮助他摆脱消极的心理。

关于"杜根定理"这个理念，美国哈佛大学曾派有关人员进行了一次专门的调查，最后发现："一个人能否胜任一件事，只有15%的因素取决于他的智力，却有85%的因素取决于他的态度。"

也就是说，假如一个人满怀自信，那么，他就会有信心、有勇气做好每一件事；反之，如果他没有自信，平时总是非常自卑，对任何事都产生怀疑的态度，那么，这种消极的情绪就会扼杀他的聪明才智，使他没有意志力将事做好。

这就更充分说明了：一个人的成败完全取决于他的自信！

所以说，从小培养孩子的自信心多么重要。那些充满自信的孩子总是精神饱满，敢作敢当，由于他们信心百倍，能去挑战别人不敢突破的事物，所以，他们才会成为最优秀的孩子。

那么，怎样让孩子由自卑走向自信呢？以下几个方法可供你参考：

一、不要嘲笑孩子

"你这个小笨蛋！""你怎么啥都做不好！"这些讽刺的话语，真的会打击孩子的自尊心。因为孩子分不清什么是玩笑、什么是嘲笑，所以，在孩子还不太理解的年龄，尽量不要对他说这样的话。

二、信任使孩子更自信

作为父母，要信任孩子的能力，并放手让他尝试去做一些有意义的事情。要知道，父母在孩子小时候如果总是否定孩子的想法或做法，就会把孩子的自信心和独立性一点一点地扼杀掉。

三、培养孩子见多识广

如果有时间就多带孩子去旅游，多给他讲述所遇到的动物、植物、地理、典故等各种知识，只有让孩子见多识广了才能使他的自信倍增。

四、宽容是培养孩子自信的土壤

不要总是因为孩子房间或者桌面上很乱而责备他，要知道孩子是不可能整天都安安静静的，所以面对孩子犯的错或散落的物品，父母的宽容才是培养孩子自信的土壤。

五、适度让孩子自己做选择

给孩子适度的选择机会，可以使孩子觉得自己受到了尊重，从而信心倍增。比如你说：咱们是先去看电影，还是先写作业？从而给孩子一些可行的选择。

六、不要制止孩子的兴趣

孩子都有喜欢探索的兴趣，当他在摆弄一些玩具时，不要武断地制止他。因为你的强力制止，很可能会挫伤他探索的信心。

七、让孩子知道自己被人需要

平时可以适当让孩子做一些家务，并夸他很勤快，这能让他知道自己被人需要，对培养他的自信心也很有帮助。

第 4 节
怎样让孩子的好习惯持续下去——"强化定律"

美国心理学家斯金纳认为：如果一个人的某种日常行为总是被忽视或抑制，那么，当以后再遇到这种行为时，个体就会自觉地尽量回避。反之，如果某种日常行为总是被关注或赞赏，那么，以后再遇到时，个体就会自觉地做出这类行为。

俄国生物学家巴甫洛夫曾做过这样一个实验：他发现狗见到食物就会分泌大量的唾液，但听到铃声却不会分泌唾液。于是，巴甫洛夫每次都会让狗先听到铃声，然后再给狗喂食。经过一段时间的训练后，狗一听到铃声就会分泌大量的唾液，即使没有食物，狗也会产生强烈的反应。

其实，铃声本来和狗分泌唾液没有关系，但是，由于巴甫洛夫

故意在狗进食前播放铃声，经过一段时间的训练后，铃声就成了狗进食的信号，也就是我们所说的"条件反射"。

这个实验说明，条件反射是可以通过后天进行培养的，但在培养过程中必须要进行强化练习。这个过程在心理学上被称为"强化定律"。

无论是人类还是动物，不管其本能有多么强大，其行为是良好的还是恶劣的，如果这种行为没有得到强化，最后也会逐渐消失。对于孩子来说，强化定律不仅是一种学习良好行为的心理机制，也是帮助他们纠正不良行为的教育手段。

对于年幼的孩子来说，行为习惯就是指引着他们每天行动的指南针。如果孩子养成了一些不良的习惯，他就有可能误入歧途，从而耽误了自己正常的发展；如果孩子在日常生活中养成了一些良好的习惯，他就有可能朝着良好的方向发展下去。

所以，我们一定要让孩子摒弃不良的行为习惯，并让他将一些良好的行为习惯持续下去，所以，我们有必要学一学心理学上的"强化定律"。

源源今年9岁了，爸爸妈妈都很疼爱他，可是，他却有个很不好的生活习惯——邋遢，平时不管是自己的衣服、鞋，还是书包、课本、玩具以及生活用品等，总是喜欢乱扔、乱放，家里的沙发上、桌子上、床上、卫生间里、地板上，几乎到处都是他乱扔物品的地方。

由于源源的这个坏习惯，整天弄得家里总是乱糟糟的。爸爸妈妈天天都要上班，没有多少空闲时间收拾家里，于是，妈妈对源源的行为很不满，总是不停地叨唠指责他。但不管妈妈怎么说，源源依然是老样子。

不过，源源虽然在生活上行为邋遢、不修边幅，但学习成绩还不错，经常考进班级前五名。这次考试后，源源又得了好成绩，爸爸看了高兴地说："嗯，这次你又考得不错，真是越来越有进步喽。如果你那邋遢的毛病再改一下，平时不那么乱放东西，就更是个优秀的孩子啦！"

"嗯，嗯！"源源高兴地答应了爸爸。

爸爸的话让源源觉得在理，他意识到自己乱扔东西的行为不好。于是，他开始自觉地学着整理物品，像自己的衣服、书包、课本、玩具等，都会放到自己的房间里，而不再随便扔在客厅里。

这时，妈妈也觉得源源有了进步，便夸奖道："呀，不得了，我们源源同学不但学习好，而且还越来越整洁了。照这样下去，肯定能成为一个品学兼优的好孩子！妈妈今天做了你最爱吃的红烧排骨，快点来吃哦！"

就这样，得到了爸爸妈妈表扬的源源非常高兴，从此以后他的表现越来越好，不但学习成绩越来越优秀，还养成了一些良好的行为习惯。

对于成长期的孩子来说，在日常生活中他的好习惯和坏习惯都会同时存在。如果我们能适当地运用强化定律，那么，就可以帮助孩子矫正不良习惯、保持好习惯。就像上文中的源源一样，在爸爸

妈妈不断地强化之下，逐渐改掉了邋遢的习惯。所以，善于运用"强化定律"，在教育孩子时能起到事半功倍的作用。

如果在处理孩子的行为问题上，我们采取奖惩分明的方法，关注孩子正确的行为，使之强化，把批评孩子的坏习惯使之消失，那么，培养孩子的好习惯一定会变得更为容易。

人的习惯是被培养出来的，无论是有意识的，还是无意识的。事实证明，一个小习惯就能反映出一个人的精神面貌和行为性格。因此，拥有好的习惯或者好的心态，才能让人走向成功。

有关心理专家建议家长，多发现孩子在生活中的良好表现，并经常给予表扬，就可以使孩子的好行为得到强化，逐渐养成越来越多的好行为。

经研究表明，21天就足以形成一个习惯。所以，我们要注重孩子的细节，注重引导。具体还可以参考以下方法：

一、及时赞扬孩子的每一个进步

孩子的每一个进步都应该得到我们的赞扬，这可是对孩子积极行为进行强化的最好方式。如果我们能够做到这一点，孩子就会加倍努力，取得的进步一定会积少成多。

二、发现孩子的正确行为

在与孩子相处时，我们应该学会发现孩子的正确行为，千万不要在孩子表现良好时漠然视之。要知道，表扬孩子的正确行为，比责备他们的负面行为更有效。

三、多一分耐心和宽容

当孩子有了改正错误的意愿时，要耐心等着，不要期望孩子一下子变好。要知道，孩子毕竟是孩子，我们除了对他进行一定的赞赏和鼓励外，还需要多一分耐心和宽容。

四、用奖赏进行强化

奖励是对孩子行为的外部强化或弱化的最好手段，因为这样可以通过影响孩子的自身评价，对孩子的心理产生重大影响。所以，对孩子的教育应有合理的奖赏。

五、嘉奖孩子每一个好的行动

孩子每一个好的行动都应受到鼓励，而且最好能立即予以重视和嘉奖，哪怕孩子做得不是很到位也要嘉奖他。因为这种经常性的鼓励，会不断增加孩子的好行为，减少负面行为。

六、多给孩子赞赏和支持

如果孩子表现得很好，却得不到家长的赞赏和支持，他心里就会感到十分失望，那么他很可能就放弃了改正错误的行动，从而导致积极行为的消失。所以，我们应多给孩子一些赞赏和支持。

七、赏罚要分明

在培养孩子的习惯时，一定要注重赏罚分明。奖励孩子时要抓住时机，并掌握好分寸，不断强化；惩罚孩子时用语要得体、适度，要就事论事，从而使孩子明白为什么得奖励、为什么受罚，自己应该怎样改过等。

八、不要用怀疑的态度来对待孩子

作为家长，千万不要用怀疑的态度来对待孩子，更不要讽刺挖苦他，一定要相信他，尤其要相信他改正错误的决心。

九、激发孩子积极向上的愿望

要想让孩子朝着你希望的方向去发展，就不要只关注他的错误行为，而应多看到他表现好的一面。并且要增加孩子的竞争意识、自信和自尊，从而激发他积极向上的愿望。

第5节
让孩子养成勤俭节约的美德——"棘轮效应"

关于世界经济的发展状况，据说英国最有影响力的经济学家之一凯恩斯认为"消费是可逆的"，他说："一旦绝对收入水平变动，就必然会立即引起消费水平的变化。"对于他的这一观点，美国经济学家杜森贝则认为这是不可能的。

杜森贝说："消费决策不可能是一个简单的计划，更不可能是一种理想的模式，因为它还受许多因素影响，尤其是每个人的消费习惯。特别是个人在收入最高期时，还要受生理和社会需要、个人的经历、个人经历的后果等来决定他的消费标准。"

杜森贝还认为，一旦人的消费习惯形成，那么，以后的消费方式往往只易于向上调整，而难于向下调整。因为它会产生很强的不可逆性，也就是说，消费情况只可维持或增加，则很难有减少的状态，因为其"习惯效应"较大。

关于这个心理现象，在后来的心理学研究中称其为"棘轮效应"，又称为"制轮作用"。

从上面的内容我们可以看出，"棘轮效应"是出于人的一种天生的本性，或是一种习以为常的本性，而这种本性又是人与生俱来带有"享受"性质的"欲望"。如果我们能用心地研究一下"棘轮效应"的负面作用，那么就可以尽可能降低存在这个世界上"癌细胞"的数量，使我们的生活变得稳定下来。

对于"欲望"，我们通常没有办法去禁止，并且还会千方百计地寻求对它的满足，就像"棘轮"一样，只能前进，不能后退。所以，那些一贯过着奢侈生活的人，即使后来自己的收入或财富大大减少了，往往也会继续保持之前那种较高的消费标准，因为在满足"欲望"的习惯之下，他们想要降低或改变自己的习惯或享受心理是很难的。

下面来看一个典型的事例：商朝时期，在纣王刚登位的时候，人们都认为他是一个雄心勃勃的人，认为国家在他的英明领导之下一定会繁荣富强，国泰民安。

但不久，纣王便命人给自己做了一双上等的象牙筷子，之后便每天都要使用这双象牙筷子才肯吃饭。

对于纣王的这个行为，满朝的文武大臣及皇亲国戚都不以为然，觉得这只不过是一件无可厚非、平常的小事。可是，纣王的叔叔箕子却甚为不安，便劝纣王将这双象牙筷子收藏起来，以后不要再用了。但纣王不听叔叔的劝告，仍然我行我素。

箕子便为此事终日忧心忡忡，对纣王的行为不能释怀。

"大人，现在国家疆土辽阔，物产丰富，而纣王不过就是用了一双象牙筷子，有什么大不了的呢？"对于箕子的不悦心情，有人觉得莫名其妙，便问他为什么如此不开心。

"你可能想不到，纣王能用象牙做筷子，就可能会用更昂贵的东西做其他用品。瞧吧，他以后必定再不会用土制的瓦罐盛汤装饭，肯定要改用犀牛角做成的杯子和美玉制成的碗了。那么，在有了象牙筷子、犀牛角杯和美玉碗之后，他应该就要享用山珍海味了，难道他还会用它来吃那些粗茶淡饭吗？

"你瞧吧，大王的餐桌上可能从此顿顿都要摆上美酒佳肴了。一旦吃的是美酒佳肴，那么，他穿的自然要绫罗绸缎而并非之前的粗布麻衣了。

"接着，大王住的也会要求是富丽堂皇的宫殿而非老屋陋室了。所以，你瞧吧——他不久就会大兴土木筑起楼台亭阁，终日寻欢取乐。想想这样的后果，我就觉得不寒而栗啊！"箕子说。

果然，此后仅五年时间，商纣王的行为就愈发放纵，大兴土木，耗费巨资建造了"鹿台"，从此便整天陶醉在"肉池酒林"之中。这时箕子的预言都一一应验了，商汤绵延500年的江山就这样被纣王断送了。

有句古话这样说："成由俭，败由奢。"纣王的结局就是典型的写照。他不听叔叔箕子的劝告，使自己养成奢侈淫溺的习惯，从而走向了亡国之路。所以，对于心中的欲望，我们虽然没有办法完全禁止，但一定不能故意放纵，尤其是不可过度的奢求——即使拥有再多的财富，如果不加以节制，也必然出现"君子多欲，则贪慕富贵，枉道速祸；小人多欲，则多求妄用，败家丧身。是以居官必贿，居乡必盗"的情况。

"自古豪门出败子"，为了避免金钱给孩子带来的负面影响，我们一定不能放纵孩子的"贪欲"。一旦发现孩子有了过度奢侈的欲望，就必须加以节制。

这样做并不是苛求孩子为我们省一点钱，而是为了让他从小就养成勤俭节约的习惯，使他从小懂得每一分钱都来之不易。而且，这不但是一种可贵的教育观念，更有利于孩子未来的成长和发展——没能给孩子培养出俭朴的生活习惯，"富不过三代"的说法就会成为必然。

其实，"棘轮效应"的理论，也可以用我国古代大文学家司马光的一句名言来概括："由俭入奢易，由奢入俭难。"

我们知道，司马光是史学家与文学家，殊不知他还是个很不喜欢奢侈浪费的人。平时他总是倡导家人以俭朴为美德，他曾给儿子司马康写过一封叫《训俭示康》的家书，并且，他还在这封家书中说："俭，德之共也；侈，恶之大也。"他曾多次告诫儿子不可沾染那些纨绔之气，一定要保持俭朴清廉的家风传统。

古今中外有很多富豪，他们虽然拥有数不尽的财富，但对子女却要求很严，比如洛克菲勒、比尔·盖茨、李嘉诚等，他们从不给孩子很多零花钱，并且让孩子从小就知道衣服和粮食来之不易，以培养他们勤俭节约的美德。

我们都知道，微软公司的创始人比尔·盖茨是世界首富。但是，拥有这么多财富的他，对自己的孩子却非常"吝啬"。

比尔·盖茨说："我们的家庭把 13 岁定为得到手机的年限。"鉴于这项规定，孩子从学校回家后常向他抱怨："其他同学都有手机，我是唯一一个没有手机的人，这令人很尴尬。"

但是，比尔·盖茨在孩子的物质用品上就是丝毫不"开放"，据说他的女儿和儿子都是到了 13 岁生日那天，才被允许拥有自己的手机。

尽管生活很富裕，比尔·盖茨夫妇却希望他们的子女能像普通孩子那样成长。据说，比尔·盖茨在巴黎接受当地媒体采访时说，要把巨额财产返还给社会用于慈善事业，而子女只能继承几百万美金。

在 2000 年 1 月，比尔·盖茨将原先的两个基金会合并，组成了"比尔与梅琳达基金会"，总额高达 240 亿美元，这些钱拿来捐赠给全球各地的医疗和教育计划，它是目前世界上最大的慈善基金会。

比尔·盖茨认为，拥有很多不劳而获的财富，对于一个站在人生起跑点的孩子来说并不是件好事，他与夫人多次提到："我们决定不给孩子们留财产。"他们觉得孩子的人生和潜力应和出身的富贵、贫寒无关，并且认为过多的财产"既不利于孩子，也不利于社会"。

过早地让孩子享受富裕的生活，不让他吃一点苦，看似爱之，实则害之。要知道，孩子要想在将来取得事业的成功，靠的不仅是知识与能力，还需要吃苦耐劳的意志和品质。

作为父母，我们要给孩子做出榜样，像比尔·盖茨那样，即使再有钱，也不能在孩子面前奢侈浪费。

据传，贵为一国之君的赵匡胤，他平时的生活非常俭朴，并极力反对奢侈。一次，他见到自己最疼爱的小女儿穿了一件用翠羽装饰的短花袄，就立即命令她脱下来，以后不许再穿。这样，在他的影响下，"节俭风气"举国盛行，使国家很快富裕起来。

因此，我们一定要让孩子把他的精力集中到学业和能力的培养上，而不应在物质追求上。

不管我们的生活条件有多么优越，也应让孩子学会吃点苦头，品尝生活的来之不易，使他养成勤俭朴素的生活作风，以免形成"棘轮效应"，难以应付生活中的困难和挑战。

培养孩子俭朴的品质，可以从以下几点做起：

一、让孩子懂得支付能力

当孩子想要一款价格昂贵的手机时，家长可以告诉他家里的经济状况，并建议他选一款更便宜实用的手机，从中让孩子明白花钱时要看自己的支付能力如何。

二、让孩子明白经济来源

不管家里的经济条件如何，都可以让孩子从小学会赚取零花钱，比如让他做家务、送牛奶或去商场当个小促销员等，从中让他明白经济的来源。让孩子学会用劳动去换取报酬，让他明白赚钱的不容

易，从而消除贪图享受的念头。

三、教孩子学会储蓄、积累

有心的家长可以让孩子适当地用零花钱进行投资，让孩子从中学习理财知识；还可以让孩子把手中的零花钱、压岁钱存进银行，一点一点地积累起来，这样不但可以培养孩子节俭的品质，还能使他从小学会如何理财。

四、让孩子学会废物利用

让孩子学会废物利用也是一个很好的教育方法，比如把一些废弃的物品进行维修或改造，进行再利用，就可以省下一笔重新购置的费用。这样，既可以培养孩子节约的习惯，让孩子通过劳动获得成就感，还能锻炼孩子的创新能力和动手能力。

五、让孩子学会节约

在生活中，我们可以告诉孩子注意节约，比如：打开电灯后，要做到人走灯灭；写完的作业本和纸张，不要轻易丢弃；每次用完水后，要马上将水龙头关紧；每次吃饭时不要盛太多，不要经常剩饭、剩菜；可以用的物品不要随便丢掉。

第6节
务必让孩子意识到自己的不足之处——"皮尔斯定理"

在春秋时期，越国有一段时间国内政治混乱，人心动荡，兵力疲弱。

这时，"五霸"之一的楚庄王觉得这是攻打越国的最好机会，就要派出大量兵力去征伐越国。此时，国内的王公大臣都极力拥护，一致认为楚庄王的决定英明无比。

就在大军出发的前一日，却有一个人前来劝阻："请问大王，要攻打越国为的是什么？"

"因为越国现在政治混乱，国家根基不固，兵力疲弱！"楚庄王答道。

"大王，您难道看不出来目前我们楚国的情况与越国不相上下吗？您不知道，我们自从被秦国打败之后已经丧失了许多国土吗？您不知道，这时我们的国家也是兵力疲弱吗？

"现在，有人在国内造反，官吏却无法制止，这难道不是政治混乱吗？您如果看到了这些情况，您还要出兵攻打越国吗？其实，一个人的智慧就好比人的眼睛，能够看清楚很远的地方，却始终无法看见自己的眼睫毛，难道您就看不到自己的不足吗？"这个人说。

听了这一番意味深长、针砭时弊的话后，楚庄王立即取消了攻打越国的计划。

说这番话的人叫杜子，后来成了楚庄王的重臣。

可以说，生活中有很多像楚庄王一样的人，眼睛长到头顶上，只能看到别人的不足，却看不到自己的缺点。

殊不知，这样是很危险的，因为不自知的人，很可能在工作中失意，在生活中遇困，在生意上失败……无论身居显位还是大权在握，"不自知"都是一种危险。

"人贵有自知之明"，一个人只有充分认识了自己，充分了解到自己的不足之处，才能朝着正确的方向前进。就像心理学中讲的"皮尔斯定理"一样：意识到无知才使我们少犯错误、充满活力。

美国著名科学家约翰·皮尔斯提出：意识到无知，是有知的开始。"皮尔斯定理"旨在告诉人们，做人贵在有自知之明，能看到自己的不足，才能弥补这一不足。

约翰·皮尔斯说，对于一个健康而持续发展的企业来说，建立一套完善的组织机构和体系非常重要。但是，要建立完善的组织机构和体系，一个最核心的要素，就是完善培养接班人的制度。因为这个制度关系着接班人的文化素养，关系着接班人的专业水平与能力。

他还告诉我们，在如今这个知识经济的时代，人力资本已经超出其他资源，成为决定企业经营成败的关键因素。如果接班人没有足够的专业技能，认识不到自己的不足，就不可能顺利地接班，亦不可能将企业领导好。所以，让接班人先意识到自己的不足，不断地反省自己的缺点，从而谦虚好学，努力向上才是硬道理。

我们教育孩子更是如此，认识到自己的不足之处非常重要。如果我们能让孩子意识到自己的不足之处，往往能减少很多错误的发生，并从中明白反省意义；如果孩子认识不到自己的不足，那他就会失去改过的机会，从而一错再错，难有长进。

日本保险业的泰斗原一平，在27岁时才进入日本明治保险公司，当时他穷得连午餐都吃不起，终日过着风餐露宿的日子。

有一天，他跑到一座大寺院里，向一位老和尚推销自己的保险单。"听完你的介绍之后，丝毫不能引起我投保的意愿。"他详细地说明之后，老和尚摇摇头说。

"哦……"原一平坐在老和尚的对面，无言以对。

"你知道吗？人与人之间这样相对而坐的时候，你一定要具备一种强烈吸引对方的魅力。如果你做不到这一点，你就别想从对方身上得到什么。"老和尚注视了他好一会儿才说道。

"……"原一平哑口无言，冷汗直流。

"年轻人，要想成功，就先努力改变自己吧！"老和尚又说。

"改变自己？"原一平惊讶地问。

"是的，不先改变自己怎么去改变别人。首先，你必须要认识自己。你知不知道自己是一个什么样的人？"老和尚问。

"我……不知道。"原一平如实回答道。

"你在替别人考虑保险之前，必须先考虑自己、认识自己。"

老和尚说话的语气很重。

"我要如何考虑自己？认识自己？"原一平谦虚地问道。

"你要赤裸裸地注视自己，毫无保留地彻底反省，然后才能认识自己。"老和尚说。

从此，原一平开始努力认识自己、改变自己。最后，他终于大彻大悟，成为一代推销大师。

是的，我们要想成功，首先就要正视自己，了解自己的无知，并设法改造自己，从而提升自己的形象、修养、气质与人格。

同样的道理，我们只有让孩子先意识到他的知识浅薄，才能使他不断进步。并且，孩子还小，对很多事情都是一知半解，有的甚至一无所知，因此，在成长的路上难免会犯错。所以，我们一定要教育孩子戒骄戒躁，不可恃才傲物，不可无视他人的感受，一定要谦虚好学，多充实自己，多了解自己的不足之处，以减少那些无知而产生的不良行为。

林肯曾说过："每个人都可以做我的老师。"是的，他在用事实告诉我们——意识到自己的无知和不足，才是进步的阶梯。

而"不自知"则是一种最危险的人生状态，看看下面这则寓言小故事：有一只乌鸦看到自己和老鹰长得很像，都长着翅膀、尖嘴和爪子，而老鹰总是能抓到兔子吃，而自己却总是捉些小虫子来充饥，它觉得这太不公平了。它想，自己肯定也能抓到兔子吃，于是当看到草丛中有一只兔子时，它像老鹰一样飞身扑了过去……但是，它万万没有想到，自己非但没有抓到兔子，还被兔子的爪子抓得遍体鳞伤。

由此，我们不难看出，乌鸦就是犯了不自知的错误，差点送掉了自己的性命。怪只怪它没有清楚地认识到自己和鹰的差别，没有看到自己的不足之处，只是想当然地认为老鹰能做到的它也能做到，结果犯了大错。

其实，在生活中有很多孩子由于年幼无知，往往对一些事情的是非好坏认识不清，对自己的一些行为也不知道是否合理，从而盲目行动，最后酿下大错。

据说，在古希腊一个叫"德尔斐神"的寺庙里，曾刻着一句传诵千古的话："认识你自己！"是的，一个人只有先认识了自己，有了自知之明，做起事来才能有的放矢，才不至于漏洞百出。所以，不管是成年人还是孩子，我们只有先认识到自己的无知，多了解自己的弱点，才能产生虚心向人学习的动力。

"我唯一知道的一件事情，就是我自己什么也不知道！"这是大哲学家苏格拉底的一句名言，也正是这种谦虚心态，才成就了苏格拉底深厚的哲学思想。

是的，即使再博学多才的人，也有自己不了解与经验不足的地方，高傲自大或目中无人，不但使自己的才学得不到发展，反而还会使自己处处碰壁。一个人只有认识到自己的肤浅，才愿意去深造，才能发掘潜能，不断取得进步。如果一味地自感优越，不懂得谦虚，往往会发生"失足落水"的可叹下场。

因此，我们一定要让孩子彻底了解"皮尔斯定理"，多让他认识到自己的不足。只有不断地反省自己的缺点与错误，才能努力求

知或虚心接受他人的建议。

要知道，多一分谦虚，就多一点机会；多一些经验，就多一分成功的可能。只有认识到自己的不足，才能尽快完善自己，才能更好地朝着正确的方向前进。所以，孩子只有意识到无知，便是有知的开始，便是成长的旅途。

第7节
让孩子在认识错误的过程获得新知——"犯错误效应"

可以说，孩子几乎没有不犯错的。他们由于年龄小，心智发展不成熟，所以说错话、做错事都是常有的事，特别是一些顽皮、个性倔强的孩子，每天不知要犯多少次错误。

因此，孩子犯错是一件避免不了的事情。但是，如何让孩子在犯错误的过程中感受改正后的喜悦，不断地丰富自己的生活经验，在一次次的错误过程中学到更多的本领，是我们最应该做的事。

社会心理学家阿伦森做过一个实验：他让 4 位选手参加了一场竞争激烈的演讲会，其中有两位选手才能平庸，另两位选手才能出众。

在演讲的过程中，一位才能平庸的选手打翻了一杯咖啡，而另一位才能出众的选手也不小心打翻了一杯咖啡。

这时，阿伦森对台下听讲的观众做了一个"吸引力"调查。结果发现，那位才能平庸打翻咖啡的人吸引力最低，那位才能出众未打翻咖啡的人吸引力居第二，而那位才能出众又打翻了咖啡的人吸引力则最高。

在这个实验中我们可以看出，那些才能优秀但偶尔也会犯小错误的人，往往最受人们的喜欢；那些才能优秀、过于完美、没有一点瑕疵的人，往往会令人敬而远之。可见，小小的错误反而会使有才能的人更受青睐。

这就是心理学上的"犯错误效应"，也叫"白璧微瑕效应"，它说明了白璧微瑕有时候比洁白无瑕更令人喜爱。

教育孩子也是如此。

如果我们允许孩子适度地犯些小错误，反而会使孩子显得更加可爱，从而产生一些乐观而积极的念头。

不过，在允许孩子犯错的同时，也要让孩子认识到错误，并感受错误。因为让孩子在真实的感受中认识到自己的错误，这种方法可能比大人反复警告更有效。

孩子是在不断地感受与体验中长大的，不是在说教中长大的。一味地责备，只能让孩子产生反感或敌对心理，而我们善意的提醒或指导，则会令孩子认识到自己的不足，从而接受我们的建议。

威威是个很可爱的男孩，他有一个爱好，就是喜欢吃冷饮，特别是夏天，什么冰淇淋、雪糕、冰冻的饮料和西瓜等，总是大吃特吃，好像不吃这些冰凉的食物自己就过不了夏天似的。

这不，今年夏天威威又是这样，对冰箱里的"冷宝贝"仍然特别钟情，常常吃个没完。爸爸妈妈多次劝说他，不要吃那么多，会吃坏肚子的。

可是，威威对父母的话毫不理会，依然我行我素。

爸爸妈妈一时生气，索性由他去了。结果没过几天，威威突然感到肚子很不舒服，一会儿便疼痛起来。

"哎呀，我的肚子好痛哦！"

"哦！"爸爸有些无动于衷。

"哎哟，痛死我了！"威威又喊道。

"哦，是真的吗？"妈妈故意问道。

"当然是真的了，我还能骗你们不成？你们这样对我，是不是我的亲爸亲妈啊？"威威很不高兴地说。

"哟，你也知道生气呀！我们告诉你多少次了，不要吃那么多冷饮，会吃坏肚子的，你总是不听，好像我们骗你似的，这下知道后果了吧？"爸爸说。

"知道了，知道了！以后我再也不吃这么多冷饮了。哎哟，痛死我了！"威威喊道。

"好了，你要长记性呀，以后可不能再吃那么多凉东西了！"妈妈说完，就赶紧和爸爸带着威威去了医院。这时，威威才真正意识到自己平时对冷饮的特别"钟情"是多么无知！

虽然我们平时也经常对孩子说教，但孩子有时候却不一定能听明白我们所讲的道理，尤其是一些调皮的孩子，还常常喜欢向大人发起挑战。可能很多家长都经历过这样的情况，比如一件事情，你越是制止孩子不让他做，可孩子偏偏不听，甚至还会更加肆无忌惮地去做。

那么，面对孩子的这种行为，我们该怎么办呢？最好的方法就是让孩子感觉到自己的错误！

当孩子故意或因不知道爱护而弄坏了他所用的文具，这时就不要急着去买新的，应该让他自己感受到需要它而着急。例如，孩子故意弄坏自己的旧文具盒，想让你给他买一个高档的新文具盒时，你不要立刻给他换新文具盒，而要过上几天。

这样，当孩子体验到没有文具盒可用时，他才能认识到自己的不对，下次就会小心爱惜自己的文具盒。所以，当孩子犯了错误后，家长首先的教育方法应是让孩子自觉地认识错误，并承受所犯错误的后果。

其实，从认识错误到承认错误，中间有一个很长的感受过程。在感受错误的过程中，孩子往往能获得新知，思想也会得到锤炼，这会使他产生积极的愿望，从而学会辨别对与错、合理与否。所以，孩子犯错的时候，不要让他立刻承认错误。

不论孩子是有意犯错还是无心犯错，都应该从错误中认识错误，只有让孩子感受到错误，才能对他的成长有一定的帮助。总的来说，孩子在感受错误的过程中，至少能获得以下新知与成长：

一、让孩子明白物品坏了是一大损失

当孩子把某个玩具或物品敲碎或者拆开，想看看里面的结构，

或者想要了解它的组装原理时，结果就将玩具或物品真的给弄坏了。这时，只要不是贵重的玩具或物品，让孩子尝试去搞些小破坏也未尝不可。因为在犯这类错误的过程中，孩子也许能学到很多没有机会接触的知识，即便他什么都没有获得，至少他也会明白某些物品坏了就是一大损失的道理。

二、让孩子获得新知

探索未知世界的过程，对孩子来说是一种十分可贵的体验。在感受错误的过程中，孩子自己摸索而获得的知识不再仅仅是知识，因为他本身就处在一个充满了未知的世界，这就可以促使他获得更多探究事物奥秘的能力。

三、让孩子学会正确的做事方法

在感受错误过程中，孩子会意识到自己的错误，并从中找出合适的做事方法。比如，孩子以不正确的方式与他人相处，结果他就会失去他的好朋友；他用淘气的方式来吸引妈妈的注意，结果适得其反等。在经过多次这样的体验之后，孩子就会知道如何用正确的方法来达到自己的目的。

第 8 节
指出孩子的错误时不应该简单粗暴——
"瀑布心理效应"

生活中，可能很多人都有被别人"无心之言"刺伤的经历，也就是某人随便说出的一句话，却弄得我们十分不舒服，从而导致我们之间的关系变得非常尴尬。

比如，他人随口说一句"胖人就是不好看，穿什么样的衣服都没有美感"，恰恰你的体态较为丰满，这时你很可能会觉得对方在讥笑自己，从而怒气心生，不是与对方针锋相对，就是不满地甩袖而去。

这种"说者无心，听者有意"，甚至"一石激起千层浪"的交往情况，在心理学上叫作"瀑布心理效应"——就像大自然中的瀑布一样，上面平平静静，下面却浪花飞溅。其意思是，信息发出者的心理比较平静，但信息接受者的心理却起了极不平静的情绪。

在我们对孩子的教育问题上也是同样的道理。如果我们太在意孩子说的话，或是经常对孩子恶言相加，忽略孩子的存在感，那么，就会伤害孩子的自尊心，就会摧残孩子幼小的心灵。

《史记》上记载了这样一个故事：战国时被称为"四公子"之

一的平原君赵胜有一个邻居是个瘸子。一天，赵胜的小妾在自家里临街的楼上四处观看，当她见到邻居瘸子在井台边一瘸一拐地打水，样子非常滑稽，便忍不住大声讥笑了对方一番。

瘸子邻居心怀不愤，对此事耿耿于怀，便找到赵胜说了这件事，并强烈要求赵胜杀了小妾。

因为一番讥笑的话就要杀了自己的爱妾，赵胜当然不肯了。

"知道大家为什么都很敬佩您吗？那是因为大家都认为您尊重士子而鄙贱女色，所以士子才不远千里来投奔您；而我不过是有些残疾，却无端遭到您的小妾的讥笑。

"所谓'士可杀而不可辱'，所以请大人一定要为我做主。否则，旁人会认为您爱色而贱士，从而纷纷离开您。"瘸子见赵胜犹豫不肯，便劝说道。

赵胜听了瘸子的话，便果断杀了自己那个说话没有分寸的小妾。

赵胜的小妾因为说话没有分寸而引来杀身之祸，可见说话时简单粗暴而伤害他人的自尊心是一件多么可怕的事情。

我们教育孩子也是如此。要知道，孩子虽小，也需要尊重。因为他们也同我们一样：有自尊心，也要面子。尤其是对于个性很强的孩子，粗暴的责骂往往会使他产生逆反心理。

因此，当孩子有不足之处或犯了点小错时，他也可能处于悔恨之中，会对自己产生责备的情绪，会感到后悔和羞愧。这时，家长不可以再一味地指责他，就算孩子真的做错了事，也要平静地指出孩子的错误，心平气和地启发孩子。这样，孩子才会理解你的意思，从而接受批评，自尊心也不会受伤害。

想想，孩子犯了错以后，他内心里本来就很害怕，非常担心自己挨骂、挨打。如果这时家长不分青红皂白一顿数落，就会使孩子心生恐惧感，还会对家长感到失望，觉得满心委屈或怨恨，觉得父母不理解和宽容自己，这样时间长了就容易使他心理扭曲，进而产生不良的后果。

在街头的饭馆里有一对来吃饭的母子，在等着上菜的时候，小男孩闲不住地四下张望，观看了一番之后，突然一边大笑一边大声地说："妈妈，我看这里有这么多人，为什么只有你一个人胖得像大笨熊呢？"

这时，周围吃饭的人都停了下来，眼睛"刷刷"地看着那位妈妈，果然是一个像大笨熊一样的女人啊，于是，有的人哈哈大笑，有的人捂着嘴偷笑……

"你这孩子怎么说话的！"随着一声怒喝，妈妈就给了男孩一记响亮的耳光。

"哇哇……"男孩大哭着跑了出去。

"你……"妈妈只好追了出去，饭馆里尴尬的气氛使她无法再待下去。

当然，他们点的饭菜也没有吃成。

细想上文中的情况，其实那个男孩很无辜，或许他根本不知道自己犯了什么错。

如果妈妈没有为此事大发雷霆，而是将儿子的话当成"童言无忌"，那么，后面的情况就不会发生，他们仍然可以快乐地在饭馆里吃上一顿美餐。

其实，每一个孩子都是不想犯错误的，即使不小心犯了错也没有什么大不了的，很多时候都是家长夸大了孩子的错误，把不严重的事弄得非常严重似的，让孩子无辜地受到责骂，这是非常不理智的。

所以，我们一定要原谅孩子的童言无忌——因为孩子就是孩子，他们的行为本来就属于"童言无忌"。因此，当你被对方伤害了时，一定要给对方一个"不小心"的理由。

生活中谁能不犯错呢？尤其是孩子。

在孩子的成长过程中，大错小错、无心之错等都是一些再平常不过的事情。并且，在孩子的世界里没有那么多规矩，他们也不知道哪些是应该做的，哪些是不应该做的。所以，很多时候他们犯错误都是无心的，也因此他们常常会比成人多犯一些错。

那么，父母在批评孩子的错误时，应该把孩子犯错误当平常事来对待，对他们犯错误表示理解，不要横眉冷对，切勿应了心理学上的"瀑布心理效应"，对孩子不问缘由地指责或体罚，就会使孩子产生逆反心理或严重的消极情绪，甚至形成乖僻的性格。

孩子犯了错，需要家长积极引导、耐心指教以及有分寸地批评教育。总之，孩子哪里做得不好，应及时平和地指出来，这样一方面可以缓解孩子因犯错带来的心理压力，另一方面也让自己对孩子有一个全面的认识。

如此，才有助于孩子学会选择、学会放弃，使孩子在学习与改正中不断成长。

第9节
怎么让孩子认识错误带来的后果——"自然惩罚法则"

美国教育家珍妮·艾里姆说："孩子的身上存在缺点并不可怕，可怕的是，作为孩子人生领路人的父母缺乏正确的家教观念和教子方法。"是的，孩子几乎没有不犯错的，关键是大人对孩子犯错后的处理方法是否正确。

可是，生活中有很多父母都采取了不当的做法，总是不断地为孩子的"错误"承担一切后果。比如：孩子弄坏了伙伴的玩具，家长不但不指责孩子的不对，还认为他的伙伴不够友好；孩子摔坏了自己的文具盒，二话不说，赶紧给他买个新的……一味地使孩子置身事外，这样极不利于培养孩子自我反省的能力，更不利于他正确意识的形成。

孩子逃避了自己犯下的过失，使他觉得做错了也没关系，有长辈为自己收拾"烂摊子"，从而使他变成一个只知道推卸责任而不知道负责任的人。所以，孩子犯错后，应采用心理学上的"自然惩罚法则"，让他自己去承担事情的过失。

"自然惩罚法则"是十八世纪法国教育家卢梭提出的。他认为：儿童所受到的惩罚，应是他的过失所导致的自然结果。这样才能让孩子进行自我反省，学会自己弥补过失，纠正错误。

他说：可以给孩子犯错的机会，让他试一试。如果孩子一定要穿那双好看但只适合宴会穿的硬底皮鞋或是那件漂亮但太单薄的衣服，就让他穿。因为他穿了以后必定会因"鞋太滑、太硬了而不能在操场上跑步"或是"太冷了"而品尝到自作自受的滋味。

这样，孩子有了痛苦的体验，就会吸取教训，下次不再犯同样的错误。

佑佑今年上小学一年级了，爸爸专门买了一套儿童学习专用桌椅放在他的房间里。那把小椅子实在太漂亮了，不但是佑佑最喜欢的天蓝色，而且它还可以自调高低，坐上后还能自由地旋转，非常舒适方便。

佑佑对椅子喜爱得不得了，一放学回家就摆弄它，不是坐在上面旋转个不停，就是一会儿将它调高、一会儿将它调低。

爸爸见状，告诉他这样不停地摆弄很容易弄坏椅子，可佑佑听不进去。爸爸又告诉他，如果你在3个月之内将椅子捣鼓坏了，那你就站着写作业吧。佑佑仍然不听，椅子怎么会玩坏呢？他不信。

谁知，有一天爸爸的话应验了，那把椅子真的让他给弄坏了，再也不能坐在上面了。当他央求爸爸再重新给他买一把的时候，没想到爸爸非但不答应，还毫不留情地让他连续几天站着写作业。

直到一个星期之后，佑佑按要求完成了爸爸布置的几项作业，爸爸才答应再给他买一把新椅子。这时佑佑才体验到"自作自受"的后果，体验到自己的行为所带来的劳累之苦。以后，他就学会了爱惜物品，更懂得了为自己的过错负责任。

当孩子犯了错，家长千万不要去包庇，应和孩子讲清楚他哪里做得不对，让他懂得某种不良行为可能带来的恶果，让他明白自己应该怎么做，从而让他为自己的行为负责。

这就是"自然惩罚法则"。可以说，这个法则的出现是世界教育史上的一个里程碑，关键就是让孩子懂得自作自受，从而让他吸取教训。

卢梭告诉我们：不应该对孩子进行过多的指责或抱怨，而是让他自己直接承担错误造成的后果。比如，孩子打碎了盘子，不要急着责怪他，而应教会他如何打扫碎瓷片，并让他独自把碎瓷片收拾干净。这样可以强化孩子的犯错体验，在心里劳记下次要小心。

其实，教育孩子不光是口头说教，而应是现实的言传身教才能起到良好的教育作用。

父母要让孩子懂得，如果是自己做错了事，就该自己负责，从而使其引以为戒。如果一个人的责任心总是"沉睡"着，那么，这个人就很容易缺乏责任精神。所以，让孩子为自己的行为负责是非常有必要的。

那么，如何才能在孩子的教育上运用好"自然惩罚"法则呢？希望以下几种方法能对你有所帮助：

一、可以提醒，但不可教训

当孩子出现某种不良行为或是犯了错误时，家长可以提醒他，但不要严厉地教训他。然后，给他讲清事情发生的原因，让他理解其中的道理，让他明白自己的不当行为带来的不良后果。这样，他就会知道自己的一时冲动所带来的过失是多么的不应该，从而便会自我反省、吸取教训。

二、态度坚决，但要把握好尺度

当孩子犯了错误后，很多家长往往一气之下就对孩子大声斥骂，进行严厉地责罚，而不是让错误产生的自然后果去惩罚孩子。

殊不知，过于严厉便成了家长对孩子的惩罚行为，这样往往会激发孩子的逆反心理，使效果适得其反。所以，当你在运用这种法则的时候，还应该对孩子具备爱心，从而把握好运用的尺度，以免过犹不及。

三、让孩子对自己的行为负责

家长要想运用好"自然惩罚"法则，就要减少对孩子行为的干涉。孩子犯错后，不要唠叨、埋怨，这会伤害孩子的自尊心，而应让孩子自己去反省错误并改正。

这一点，才是孩子成长过程中重要的一步。当他在实践中尝到了自己选择的后果时，才能学会对自己的行为负责。

第四章

当孩子行动古怪时，
一定要了解他的情绪心理

平时再忙也要抽时间陪伴孩子，并给孩子足够的信任与支持——与孩子共度一些快乐的时光，孩子才能对父母有归属感与安全感。

第 1 节
孩子频频撒娇为哪般——"安全感效应"

社会文化心理学家霍尼认为："儿童在早期有安全和满足两大需要，而这两种需要都完全依赖于父母与其他养育者。当父母不能满足这两个需要时，孩子就会产生焦虑感。"

安全感是生命的底色，更是一种心理状态，它深深影响着每个人的存在状态。人们只有在拥有最基本的安全感后，才可能让全身心都完全地放松下来，也才能体验到欢乐的美好情绪。

尤其是年幼的儿童，父母如果能够给他足够的爱，比如持续的、关切的、稳定的情感，那么，他就会体验到心理上的安全感，并延伸出对于他人及世界的信任感。否则，一个安全感缺失的孩子，可能会挣扎在恐惧的精神状态中，并且会耗费巨大的能量去寻求安全感，这样的孩子很难有精力和心情让自己享受到生活的快乐。

有些孩子喜欢撒娇，一见到父母，便像个婴儿似的搂着脖子不松手，甚至大人走一步，他就跟一步，不论做什么都紧跟着。这时，父母不免会感叹：孩子跟自己也太亲近了吧？

殊不知，孩子跟你过于亲近，是你平时跟他亲近得太少了——他向你撒娇是渴求爱的表现，是心中缺乏安全感，这才是他跟你过于亲近的原因。孩子的这个问题，便是心理学上所说的"安全感效应"的一面。

　　妈妈每天早上去上班的时候，小花就会从床上爬起来，双手搂着妈妈的脖子哭闹着说："妈妈不上班，妈妈不上班。"

　　小花快 6 岁了，每次都哭哭啼啼地磨蹭好长时间，弄得像生离死别似的，让妈妈的心半天不安。

　　但是，等妈妈走了以后，小花就像换了个人似的非常懂事——起床、刷牙、洗脸、吃早饭，然后和奶奶一起去幼儿园。而且，她在幼儿园里跟小朋友们玩得也很愉快，有时甚至还会像个小大人似的照顾别的小朋友呢。

　　当奶奶与幼儿园的阿姨将小花的这些特殊变化告诉妈妈时，妈妈感到非常奇怪，不知道这孩子究竟是怎么了。

　　请问，为什么妈妈在与不在的情况下，小花的表现会判若两人呢？很明显，这就是孩子内心的安全感效应在作怪。

　　原来，在小花 9 个月大的时候，妈妈就去上班了，她每天都由奶奶照看。妈妈每天早上过早地离开，使幼小而天生敏感的小花觉得自己没有了保护，生怕别人对自己怎么样，心里非常没有安全感。所以，现在当妈妈每天早上要离开自己的时候，她就会产生一种失去保护的情绪。

　　所以说，孩子的安全感行为完全来自于父母的关爱，他们幼小的心灵需要足够的关怀与陪伴才能产生足够的自尊与自信，心里的安全感才不会缺失。

所谓"安全感"，这个概念最早见于弗洛伊德精神分析的理论研究。

弗洛伊德很早就注意到个体弱小、焦虑以及有自卑情结的孩子，对其成人以后的心理健康有着重要的影响。通常，那些缺乏安全感的孩子，往往会感到受冷落、歧视，觉得自己不被接受而被遗忘、被遗弃，从而感到孤独无助……

这样的孩子，常常会不停息地为自己的安全而努力，表现出各种神经质倾向、自卫倾向、怀疑等心理行为。所以，严重缺失安全感的孩子往往隐藏着强烈的自卑和敌对情绪。

对此，心理学家弗洛姆说："一个孩子在幼年时期，生活的一切都是完全依赖父母或他的养育者，父母给他做出了种种界限和规定。此时的孩子虽然没有充分的自由，却有着非常稳定的归属感和安全感。如果父母缺失或关爱不够，那么，孩子就会感到不安或恐惧，从而产生安全感不足的种种表现。"

由此看来，孩子由于自身的渺小和无助，他们就必须依赖自己的父母或身边的长辈。如果父母不能经常守在自己的身边，孩子就没有安全感。当他们一见到父母时，往往就会表现出特别的亲近行为，比如频频撒娇。

一些心理教育家指出："父母创造条件，让孩子在安心做真实自己的前提下，内心渴望得到满足是孩子健康成长的关键。"因为"安全""接纳"和"我是重要的"这三种渴望在帮助孩子建立自尊、自信方面尤为重要，而且，年龄越小时，对安全感的状态越重要。所以，父母对待孩子的态度以及父母自身的安全感状态，都会对孩子产生重要的影响。

振振妈妈比较年轻，在带孩子上没什么经验，常常被自己调皮的儿子给气得不行。不过，最近她找到了一个让儿子听话的好办法：振振每次淘气不听话的时候，她就说："不要你了！"而且，还真的做出不要的样子，将振振丢在一边不管不顾。

有一次，她带振振去儿童玩具店，当振振非要再买一个玩具而赖着不肯离开的时候，她就说："再不走就不要你了！"然后，就真的头也不回地走了。

振振吓得大哭起来，赶紧跑着跟上了妈妈。不过，每次这样之后，振振都会哭好长时间，并且还会紧紧地抱着妈妈不肯松手。

有心理学家认为："父母的态度有时候对孩子而言是生死攸关的大事，特别是涉及抛弃这一基本的安全感。"这会让孩子感到生存受到了威胁，进而对父母产生了不信任感。所以，"抛弃"对孩子的心理影响非常大，这种被抛弃的感觉很可能会让孩子感到生存危机，怀疑自己的价值。

要知道，为了让孩子听话而以抛弃来恐吓他，这在孩子还没有分辨能力之前是个非常令人恐惧的情况。所以，无论在什么情况下，都不要让孩子有被抛弃的感觉。

父母的哪些行为会影响到孩子心中的安全感呢？我们来看看自己有没有做过以下几点吧：

父母总是在孩子面前吵架；

在孩子的"认生期"转换主要抚养人；

父母对孩子的身体接触和拥抱等亲密动作平时做得过少；

父母总是忙，未向孩子说明原因就宛然离开；

父母总是随意食言，并且常常不履行自己对孩子的承诺；

对于一些生活的环境，总是向孩子夸大周围的危险。

那么，如何帮孩子建立安全感呢？以下几个方法可供你参考：

一、为孩子创造和睦的家庭

如果父母经常发生争吵或打架，或者是冷战、互不搭理，缺乏家庭应有的快乐，孩子很可能会猜测父母是不是因为他才吵架，担心父母会不会离开他。那么，生活在这样恐惧的生活之中，孩子心理上又怎么能形成安全感呢？

所以，孩子有一个快乐和睦的家庭，有疼他、爱他的爸爸妈妈，对他来说非常重要。

二、找出孩子不安的原因

如果孩子的心情总是紧张不安，父母一定要找出他为何感到不安的原因。比如，他人的惊吓或是某个家人的突然离开以及打架、争吵，或是猫、狗、打雷、鞭炮响等他害怕的事物。然后，对症下药，消除孩子内心的恐惧，给予他安慰与爱抚，并帮助他重建安全感。

三、多与孩子进行交流、多信任他

很多时候，父母总是有做不完的事，明明说好与孩子一起去做什么事而没有兑现，孩子就会对父母失去信任，并且会让他觉得父母不关心自己，心里便会产生一些落寞感。

所以说，平时再忙也要抽时间陪伴孩子，并给孩子足够的信任与支持——与孩子共度一些快乐的时光，孩子才能对父母有归属感与安全感。

第 2 节
为什么孩子总是难以安静下来——"多动障碍症"

小军刚上小学二年级，他不但学习成绩不好，在学校里还是个极不受欢迎的学生。原来，从上幼儿园到现在上小学，他一直都喜欢"骚扰"其他同学。

他脾气暴躁、容易冲动，在教室里坐不住，总是东看看西看看、这儿走走那儿逛逛，无论别人怎么说他，他都安静不下来。尤其是经常惹是生非，总是无缘无故地和同学打架，不是搞得自己遍体鳞伤，就是将别人打得满身伤痕。

最让老师头痛的，是小军在上课时注意力也不集中，而且他自己老实不下来，还不让周围的同学安静——不管对方是在写字还是在读书，他都会扭头跟人家说悄悄话。为此，班主任曾多次劝小军的父母好好管教他。

小军的情况是患了"儿童多动障碍症"，心理学上也称"注意

缺陷"与"多动障碍"，在儿童群体中比较常见。

如果孩子太爱动了，一会儿也安静不下来，就有患多动症的嫌疑。比如，孩子整天翻箱倒柜、上蹿下跳的，一刻也不闲着，学习不专心，说话时前言不搭后语等，家长就要重视起来，因为这种情况以后很有可能发展成难以治愈的精神障碍。

关于儿童多动障碍症，一位对儿童疾病深有研究的医生乔治·史提尔在媒体上曾发表了相关文章。他发现：有些孩子的行为似乎总是停不下来，不但情绪容易起伏，还常常惹出很多麻烦。其症状通常表现为活动过多、自控能力差、冲动任性、注意力涣散等。因此，他认为这是一种比较常见的儿童心理障碍。

对于这种障碍，国内有关心理专家说，它一般发生于 3 ~ 12 岁的孩子之间，对孩子以后的发展与成长都会产生极为不利的影响。

这种多动症还分为三种不同的类型：

一、多动 / 冲动型儿童多动症

如果孩子的手或脚常常动个不停，在不恰当的场合过多地走来走去或爬上爬下，就连在座位上也不停地扭动，在课堂上甚至会擅自离开座位等，便属于"多动 / 冲动型儿童多动症"。

二、注意力缺陷型儿童多动症

如果孩子总是出现易分心、易厌烦、易受干扰，常丢失书本、玩具，不能集中注意力或缺乏专注能力的行为，便属于"注意力缺陷型儿童多动症"。

三、混合型儿童多动症

如果孩子的某些症状符合以上两种情况，便属于"混合型儿童多动症"。这一类型的孩子在活动水平、注意力、学业及认知功能中损害最严重了。

关于孩子多动的情况，家长一定要引起重视，以便早点给孩子治疗。关于孩子多动症的患病原因，专家认为有这几方面：

1. 不良的家庭教育方式是孩子患此症状的重要原因之一。

2. 过分溺爱的教育方式导致患病率占一部分。

3. 放任不管的教育方式导致患病率占一部分。

4. 严格管教的教育方式导致患病率占大部分。

5. 如果孩子吃了食物中的人工染料，尤其是摄入含铅量过度的饮食，也会导致孩子产生多动的倾向。

由此可见，严格的、暴力式的教育方式是孩子患多动障碍的最大因素。如何帮孩子消除多动障碍呢，有关心理专家整理了以下几种方法：

一、药物治疗法

如果孩子的情况非常严重，就需要采取药物治疗，但一定要在专业医师的指导下进行。

二、社会能力训练

平时教孩子以正确的态度对待他人，接受他人的奖励或批评，学会实际、常用的社会技巧等是非常有必要的，因为患有多动障碍的孩子往往在人际关系与社会适应等能力方面很差。所以，家长多训练孩子学习如何保持好的人际关系，帮孩子学会处理生活中产生的挫折感和恼怒情绪等，可以缓和此症状。

三、家长培训法

孩子患了多动症，父母也需要进行培训——学习一些如何管理孩子不良行为的方法。父母还可以给孩子的康复创造一种长期有利的生活环境，理解孩子的精神需要，使孩子能减少对抗行为等，从而逐渐帮孩子展示出良好行为的能力。

四、多关心孩子

孩子出现多动症的特殊行为，说明家庭中存在一定的问题，比如，家庭教育不合理、亲子关系不正常等。所以，父母一定要客观看待，不能责怪患病的孩子。

要知道，家庭成员之间不和谐的生活节奏也是引发孩子不良情绪产生的主要原因。所以，家长要关心、安慰孩子，积极帮助孩子采取防治措施，以使患病孩子尽快好转。

五、对孩子因材施教

家长切勿盲目望子成龙，对孩子施行强制教育，而应使孩子在轻松愉快的环境中度过童年，以免孩子患多动障碍。

六、避免给孩子铅制玩具

科学研究发现，铅类元素会诱发该症状，所以平时不要给孩子玩那些含有铅类元素的漆制玩具，尤其不能让孩子含在口中。

第3节
为什么孩子越来越不爱说话了——
"儿童选择性缄默症"

生活中，有些孩子往往不爱说话，尤其是在陌生的环境中几乎不与人交流。迫不得已的时候，他们也只是用一些肢体语言，如摇手、点头等方式与别人进行简单的沟通。

有的孩子在开始会说话以后，也会不断地与人交流，与正常的孩子无异，但后来渐渐地很少说话了；还有的孩子，在一个阶段表现出沉默——无论别人怎样问，他一句话都不肯讲，甚至连一点动作表示也没有，完全一副视而不见的态度。

对此，心理学家认为，孩子的这些表现是患了"儿童选择性缄默症"。

关于儿童选择性缄默症，心理学家认为这是一种精神障碍，孩子一旦患上了，就会表现为神情焦虑、不敢说话，尤其在某些特定的场合会表现得极度羞怯，总想以"缄默不语"来降低内心的恐惧感。而且，这种情况延续的时间越长，对孩子的心身健康危害就越大。

通常来说，这种症状常常在学龄前3～6岁之间就会有所出现。而且，相对来说，女孩患病的概率比男孩多一些。

心理学家曾将这种情况定为"儿童罕见心理失调"，因为他们的行为、智能和学习能力都很正常，就是在与人接触方面显得非常胆怯。比如，他们拥有与正常人一样的说话和理解语言的能力，可是在某些需要说话的场合，他们就是说不出话来。

因为，他们总是"以拒绝说话作为巧妙应对外界环境的惯常反应"来对待跟他人的交往与沟通。这样的孩子往往在自己家里会正常地说话，而一到了学校或陌生的场所，就会"拒绝"说话，这就是他们"选择缄默"的理由。

一年一度的新学生入学期又到了。

开学这天，作为小学四年级的班主任，李老师早早地来到了学校。同学们看到他都争相问好，然后一个个高兴地忙着找座位，拿课本……之后，又都争相举手做自我介绍。

从同学们稚嫩的笑脸与欢笑声中，李老师感觉到这批学生都非常活泼、可爱。

不过，他发现有一个坐在教室角落里的女同学，从走进教室到现在始终都绷着脸，一言未发——她既没有向老师与同学问好，也没有做自我介绍，一个人坐在那里一动不动，还紧皱眉头，一副惶恐不安的神情。

李老师本来想问她为什么不做自我介绍，但看到她这个样子就打住了。

一个多星期过去了，这个同学还是那种状态，一到学校就嘴巴紧闭着，一句话也不肯说。开始，李老师以为她是由于刚进入一个新环境而产生了不安，就没怎么在意，但没想到她会一直这样。

李老师试图接近她，可每当靠近她的时候，她总会条件反射性地往后退，而且，眼中还充满了警惕和不安。

后来，李老师从她的妈妈那里得知，从 4 岁时开始，这个小女孩就出现了不爱说话、性格怪异的现象。其实，之前她也是个性格开朗、爱说爱笑的孩子呢。

妈妈说，记得那次与孩子的爸爸吵架，双方吵得很凶，将女儿吓哭了，并且一边哭一边抱住爸爸的腿说："爸爸是坏人，爸爸是坏人……"

当时爸爸正在气头上，就凶狠地对她说："不许这样说，再说爸爸就打死你！"说完一抬腿，一下子将她摔在地板上，她立马哇哇大哭起来。从那以后，孩子的个性就完全变了，做什么事都畏畏缩缩的，话也不敢说。

听了同学妈妈的这番话，李老师认为这个同学可能有心理障碍，就建议家长带她看心理医生。后来，父母便得知自己的孩子患了儿童选择性缄默症。

心理学研究认为，儿童选择性缄默症的产生主要与孩子的心理变化和家庭成长环境等因素有关。经大量的调查研究发现，患这类症状的孩子大都有早年感情创伤的经历，比如，家庭中经常发生矛盾冲突，家长对他的教育简单粗暴等，使他在小小的年纪就经受了很大的精神刺激。

值得注意的是，调查还发现，这类孩子的妈妈在家庭中通常处

于支配地位，对孩子的保护过于严谨，使孩子无法与他人建立交流。那么，孩子只好选择"缄默"作为自己处理人际关系的策略。

心理研究还发现，这类孩子的性格大多比较孤僻、脆弱，不愿参加集体活动，一点小事就表现得敏感、易怒，遇到外人就会害羞、胆怯。

可以说，这类孩子的独立生活能力很差。所以，一旦发现孩子有这种症状，务必要及时采取必要措施。

对于患有儿童选择性缄默症的孩子，家长平时要减少粗暴的呵斥，而要多关心他。通常，在治疗上主要采用家庭治疗及精神分析和行为治疗法，具体可以参考以下方法：

一、不要强迫孩子说话

孩子患上选择性缄默症后，如果马上就想让孩子改变状况通常是不可能的。要知道，对于正在语言与成长发育期的孩子来说，要避免再给他不良的精神刺激——如果一味地强迫孩子说话，只会弄得孩子的精神更紧张。

所以，改变孩子不可急于求成，家长最应该做的是为孩子营造一个宽松自由、幸福快乐的家庭环境，使孩子的性格变得快乐开朗起来，以后就好办多了。

二、平时父母要多陪伴孩子

孩子有了不爱说话、不爱交际的症状后，父母要多关心孩子，多了解孩子的情感和需求，多与孩子进行贴心的沟通和交流。要知道，缺少关爱的孩子，往往会产生胆小、不安的心理行为，所以一定要多花时间关爱和陪伴孩子。

尤其是要引导孩子与同学多接触，多让孩子与开朗的小伙伴待在一起。家长可以陪孩子与他的伙伴们一起做些有趣的游戏，从中鼓励孩子大胆地表达心中的想法，并告诉孩子不要为了一点小事去计较。这样，在父母的陪伴和引导下，孩子静默的心理状态往往能得到良好的改善。

三、采取"情绪放松法"

对孩子的沉默不要过分注意，改变孩子的"缄默"症状可以采取"情绪放松法"。先用一些愉快的事来分散孩子的紧张情绪，比如带孩子到他喜欢的地方，陪他玩他热衷的游戏，当孩子情绪松弛、心情舒畅的时候，可以乘机引导他说话。

例如这样说："这个游戏你玩得真棒！""哦，这样做我还不如你呢！"相信孩子一定会随着你的话语而开口接话，慢慢地，孩子就会变得活泼、爱说话起来。

第4节
孩子为什么非常喜欢小抱枕——"恋物症"

小贤上幼儿园大班，平时也算是个乖孩子，在幼儿园里和小朋友一起玩的时候也很懂事。可是，只要谁一动了他的宝贝奶瓶，他不但会哭闹个没完，甚至还会跟人打架。

刚进幼儿园时，小贤总是将他的宝贝奶瓶装进书包里。到了午睡时间，就会把奶瓶拿出来抱在怀里，这样他才能安心睡觉。如果奶瓶一会儿不见了，小贤就像丢了魂似的哭闹着四下寻找。

对于小贤的行为举动，爸爸妈妈开始并没觉得有什么不好，只是随着小贤的逐渐长大，他们才觉得"这孩子是不是有些神经质了"，就将小贤的奶瓶给没收了。

没想到，这下可惹恼了小贤，他开始哭闹不休，整整一天都不吃东西，妈妈很是心疼，就把奶瓶又还给了他。

面对小贤对奶瓶如此热爱的状态，爸爸妈妈又心疼又不知怎么办好。殊不知，小贤是患上了"恋物症"。

所谓"恋物症"，是指一个人迷恋另一个人或一些物品，并以此作为自身情感的依恋。有关心理学家认为，患者如果不能去依恋一个实际存在且完整的人，那么他的心理便会对某一物品感兴趣，比如鞋、手套、发夹、玩具等，以此来满足心中的安全感。

对此，在生活中我们常会见到有些孩子总是对某一物品喜爱至极，一刻也不舍得撒手，不管什么时候都带着它。有的孩子都上小学了，还对自己幼儿时的某一物品非常依恋，一会儿看不到它，心里就会惶恐不安。

关于恋物症的成因，大量的心理调查研究发现，它与幼年时期的心理发育受阻有关，多发生在6个月～3岁之间，若不及时纠正，可能会延续到10岁左右，甚至一生。并且，此心理障碍多是在偶然的情况下，通过一定条件联系的机制而形成。

孩子有了恋物情结，大致是因为这三个原因：

一、妈妈经常与孩子分离

如果父母经常与孩子分离，在依恋形成的关键期，孩子得不到父母的抚摸和疼爱，就会缺乏安全感，从而把某些物品作为妈妈的象征或替代品，也就是说，把自己对妈妈的依恋之情转移到对物品的依恋上。

二、过早让孩子单独入睡

孩子很小的时候就让他在儿童房单独入睡，或是过早地将孩子送入幼儿园，那么，这些环境变化以及陌生环境都会给他带来很大的刺激，从而导致孩子出现各种怪异行为。这时，他在无所适从或是缺乏安全感的情况下，就会设法通过各种感官来安抚自身的情绪欲望，从而迷恋上某一物品。

三、与孩子的肢体接触过少

你也许不知道，在家长与孩子的身体接触中，孩子能够减少心中的紧张感，这时他的感知得到发展，还会得到心理上的放松。如果父母认为与孩子嬉戏玩闹是浪费时间，与孩子很少有肢体上的接触，而经常用小被子、毛绒玩具等比较柔软的物品陪孩子一起玩，那么久而久之，孩子就会迷恋上这些物品。

可见，恋物症形成的原因，可能与幼年时不良的教育环境或教育方式有关。所以，多为孩子创造良好的生活环境和科学的教育方式非常重要。

如何纠正与化解孩子的恋物情结呢？以下方法可供你参考：

一、"情结"转移法

孩子格外依恋某一物品，往往是因为太无聊或太孤独了，可以先转移他对"依恋物"的注意力。比如，父母经常与孩子在一起，陪他一起玩耍，再逐渐延长他不碰"依恋物"的时长，可以使他减少对某物品的依恋。这样，孩子就不会再将自己的心思长久地放在某一物品上，慢慢地就可以淡化孩子的恋物情结。

二、多带孩子接触外面的世界

孩子恋物，往往是因为他的生活太单调太封闭了。想要改变孩子的恋物情结，帮他走出恋物的封闭空间，就要让孩子多接触外面的世界，那样孩子就会打开禁锢的心灵。

三、物品不要单一

一个物品一旦玩上瘾之后，孩子通常会依恋上。所以，给孩子买玩的或用的小物品时，可以一次性购买两三个，都送给他，让他轮流使用或玩耍。这样，他也就无法对其中的某样东西"偏爱"了。

四、多给孩子拥抱

平时多给孩子拥抱，让孩子体验到来自父母的"肌肤之亲"，以解其"皮肤饥饿"，可以让他感觉到你对他的关爱与喜欢。这也是一种暗示：我爱你、我在你身边、你很安全、别怕等。这样，孩子就会对父母产生浓厚的依恋之情。

第5节
为什么孩子睡觉时总是开着灯——"怕黑恐惧症"

小雪6岁了，是个漂亮的小女孩。可是，她非常胆小，长这么大一直不敢单独睡觉，到了晚上更变得胆小，并且还特别怕黑。如果大家都在客厅里，她要去房间或卫生间时，爸爸妈妈要是不事先给她打开灯，她是万万不敢自己去的——没有人陪同，她就一直忍着，甚至尿裤子……

上文中小雪的情况，就是心理学上讲的"怕黑恐惧症"。有关专家研究表示："怕黑是恐惧症的一种典型表现，医学上将其称为单纯恐惧。"当一个人处于一个黑暗的地方时，往往会惶恐地哭泣，尤其是女性和孩子害怕黑暗者居多。

生活中有很多孩子都有怕黑心理，他们从小对黑暗都会心生一种恐惧感，尤其到了晚上，在家里不开灯的情况下，会让他们内心感到不安。在一些孩子的眼中，黑暗是可怕的，就犹如危险一样令人惶恐。

瑞士著名心理学家荣格认为："对黑暗的害怕是人类从远古时代遗传下来的一种本能反应，并且人人都有，只是程度不同。"有

实验发现，把婴儿放在光线明亮的地方，往往会快乐地玩耍一会儿；如果把他放在黑暗的地方，往往一开始就会哭泣。这说明，怕黑是人的一种本性。

这样看来，孩子害怕黑暗纯粹是胆小的表现，也是正常的心理反应。所以，对孩子的怕黑心理，家长应认真对待，不要对孩子的恐惧心理加以指责，而要查明孩子产生恐惧心理的原因，然后加以分析和指导改正。

其实，有些情况会在不知不觉中造成孩子的恐惧心理：

一、让孩子独处

孩子由于年龄的原因还不能完全独立，所以，当他一个人独处时，在缺乏安全感的情况下，往往会觉得身边还伴随着黑暗、阴影，从而产生恐惧感。

二、经常恐吓孩子

如果孩子经常受到恐吓，也会心生恐惧感。比如，总是将孩子关在黑暗的小屋、卫生间，或是晚上将孩子推到门外，或是对孩子说"你再不听话鬼婆婆就会来找你"等，借以处罚、警告孩子的淘气，也最容易让孩子产生怕鬼和怕黑的情绪。

三、媒介传播的影响

"鬼"和"黑暗"经过大众传播工具的渲染，会加深在孩子心中的形象。现在一些古装电视节目颇多，上面往往会将鬼和黑色搭配在一起，配上一些诡谲的音效、道具和化妆，孩子观看之后往往会心生恐惧感。

四、负面信息的过大渲染

如果父母本身就胆小、怕黑，对一些"黑暗""鬼怪"总是过分地渲染和夸大，经常遇到一点小事就大惊小怪的，那么，孩子也会产生"负面的模仿"，从而在心中烙下对黑暗的畏惧感。

孩子对一些带有恐惧感的事物还处于一种本能的反应、理解阶段，如果身边有亲人陪伴，内心就不怎么害怕；反之，他一个人独处，就比较没有安全感。

所以，父母要多给予孩子关注与安慰，适当进行引导，并给孩子做好榜样，帮助孩子提高自己的认识能力，克服对黑暗的恐惧，使他们尽快从害怕黑暗的心理中走出来。

关于孩子的恐惧心理，一些心理专家研究认为，还有"一般性的恐惧心理"与"病态性的恐惧心理"之分，二者虽然有着相似之处，但病态性的恐惧有弥漫性和渗透性。这可以通过以下方式来区分、判断：

1. 孩子在非直接情况下，比如看到图画、电视或听到他所畏惧的事物时，是否呈现出高兴的神情？

2. 除了突然面临的恐惧情景之外，孩子经历了恐惧以后，他的日常生活是否未受影响？

3. 孩子一旦离开了受惊物以后，他的恐惧感反应是否随之消失？

4. 孩子面临着恐惧的事情时，他的焦虑不安是否只是显露出对事物本身的恐惧？

以上四种情况，基于你家孩子的表现，如果对这些问题的回答是否定的，那么你的孩子对恐惧感可能存在着极大的心理障碍，对

此，你有必要进行周密的考虑；如果根据你家孩子的表现，对这些问题的回答是肯定的，那么你的孩子只是存在着一般性的恐惧心理，这样的情况通常会随着孩子的成长逐渐消失，不必有过多的顾虑。

如何帮助孩子摆脱对黑暗及一些事物的恐惧感呢？希望以下方法能对你有所帮助：

一、让孩子了解"黑暗"的真相

当孩子发现，他一直害怕的"黑影"其实就是挂在衣架上的衣服，他的心里就会坦然许多。因此，只有让孩子发现他所担心的事情并不可怕，他才能克服内心的恐惧。再如，当他发现所谓的"鬼叫声"，只不过是树木被风吹起来拍打房顶的声音，他的心里就不再恐惧。

所以，家长可以根据孩子所说的情况，与他一起去寻找"可怕"的根源——当孩子明白了事物的真相，他心中的结就会自动解开。

二、平时多开导孩子

平时要多告诉孩子，世上根本就没有什么鬼怪，都是人的脑子胡思乱想出来的，或是他人瞎编的；告诉孩子，黑夜是正常的自然现象，没什么好怕的。

三、淡化恐惧心理

当孩子说黑暗里有可怕的东西时，不要过于在意，更不要大惊小怪，可以笑着说什么都没有，再说些他有兴趣的事物，或是让他看看动画片来转移他的注意力。

让孩子克服恐惧感的最好办法，就是先淡化他的恐惧心理或转移他的注意力。平时可以教孩子练习胆量，让他参加一些有益的体育运动，告诉他要做一个勇敢的孩子。

四、少让孩子看恐怖节目

一些凶杀新闻、一些恐怖影视剧、一些怪力乱神的节目等，都会增加孩子对鬼怪的恐惧感，尤其是那些天生胆小的孩子，更应该少让他涉及这方面的事物。平时可以给孩子买一些科普书籍，以增长孩子对所谓鬼怪的科学认识，使孩子的内心拥有正确的认识。

五、让孩子在黑暗中做些快乐的游戏

全家人吃过晚饭，可以带孩子一起到小区花园里散散步。

家长可以与孩子一起看月亮、数星星——看哪颗星星最亮，找找北斗星在哪里，尤其是多让孩子与同龄的小朋友一起玩耍、做游戏，从而让孩子学会适应黑暗。当孩子在黑夜里玩得痛快时，就会忘记对黑暗的恐惧。

第6节
孩子的情绪为什么会越来越烦躁——"超限效应"

美国著名作家、演讲家马克·吐温有一次在教堂听一位牧师募捐的演讲时，做了一件令人意想不到的事：在听演讲的最初，他觉得这个牧师讲得很好，准备捐款，并掏出自己身上带的所有钱。

但是，过了 10 分钟牧师还没有讲完，他就有些不耐烦了，决定只捐一半的钱。

又过了 10 分钟，那个牧师还是滔滔不绝地在讲话，这令他的心情非常不悦，便决定一分钱也不捐。

又过了好一会儿，牧师终于结束了冗长的演讲，开始向大家募捐的时候，马克·吐温不仅没有捐钱——相反，还从盘子里拿了一些钱。

这个事例让我们不难想到：再好的东西，一旦"超限"，不仅不会起到积极的作用，反而会减弱它本身应该带来的影响。

是的，当外物对一个人的刺激过多、影响太大、太强或作用时间过久时，就会引起心理上的不耐烦或逆反现象，而这种焦躁的情绪就是心理学上所讲的"超限效应"。所以，对那些太"自我"，不懂转变、换位思考的人来说，最易令他的心理"超限"。

我们教育孩子也是如此。

在生活中不难发现，孩子往往会对我们的教导表现得越来越不耐烦，有时候我们才刚刚开口，孩子便极不耐烦地吼叫："别说啦，知道啦，真是烦人！"然后甩头就走，留下一脸迷惑的我们：孩子这是怎么了？

其实，这只是因为我们不懂孩子的"心"，触犯了孩子心中的"超限"。

一般来说，孩子在第一次接受教导时，心里并不会产生太多的反感——只要教导合理，孩子就会欣然接受；但在第二次教导时，孩子往往会产生一些厌烦情绪；之后，如果我们一而再地教导孩子如何如何，孩子厌烦的情绪就会越积越多。这时，孩子的内心就会从内疚不安到不耐烦，最后到反感、讨厌，甚至对抗。

欣欣是个聪明的孩子，虽然才刚上五年级，但妈妈对她的期望很大，总希望她能够在同龄人中出类拔萃，所以每每都按照自己的期望来要求她。

开始的时候，欣欣也为自己的优秀而高兴，很努力地配合妈妈，让自己表现得更好。所以，妈妈的教育效果也很明显。

可是，后来欣欣的情绪越来越不好了，似乎对妈妈的要求都丧失了兴趣，一听见妈妈让自己如何如何，心里就不耐烦，不是对妈妈的话充耳不闻，就是和妈妈争吵。

欣欣突然的变化，让妈妈感到很困惑，不知道该怎么办才好。

可以说，有很多家长都会像故事中的欣欣妈妈一样，在亲子关系上遇到大麻烦，殊不知，根本原因是栽在了"超限效应"上。

要知道，超限效应是一种纯粹的心理反应，由于儿童身体机能不成熟，更容易产生这种反应。所以，当你一再说教时，迎接你的就是孩子烦躁的表情——在你看来，孩子怎么老不耐烦、老不听话的时候，就是孩子因逼急了而产生了"我偏要这样"的反抗心理和行为。因此，当孩子不耐烦的时候，即使你的出发点再好，孩子也不会买账的。

俄国作家克雷洛夫讲了这样一个故事：杰米扬是一个非常热情好客的人，一天他精心熬制了一锅鱼汤，便请好朋友福卡前来品尝

自己做的美味。

鱼汤确实很鲜美，福卡赞不绝口。不一会儿，他就吃得很饱了。可是，热情的杰米扬依然不停地劝福卡再多吃一些。

一开始，福卡觉得盛情难却，就不断地接受杰米扬的美意。但是，福卡虽然喜欢喝鱼汤，但由于不停地喝，使他感觉所有的美味都荡然无存了，自己反而跟受罪一样。后来，他实在喝不下去了，便不顾杰米扬的热情款待起身走了。此后，他再也不来杰米扬家做客了。

正所谓过犹不及，再好的东西过了就不好了，所以，做什么事都要有个度。

我们在教导孩子时，并不是多多益善，而要掌握好这个"度"。当听到孩子说："行啦，你已说了100遍了！"言下之意是，他已经很烦了，这时再好听的话也要立刻打住。

要知道，表扬多了就会索然无味，啰唆多了就不易引起警戒和重视。如果我们解读不了孩子心中"超限"的信号，只会在错误和失败的教育路上越走越远。

有人说：一句话重复一百遍不会成为真理，而真理重复一百遍却可能成为一句废话。

所以，总是对孩子苦口婆心地劝说，提出过高的要求，反而会引起孩子心理上的不耐烦——无论我们的出发点是多么正确，一旦触犯了"超限效应"，在孩子那里不但得不到正面的回馈，还会令孩子产生抵触心理。

生活中，我们该如何减少"超限效应"在教育中产生的副作用呢？你可以尝试以下方法：

一、给孩子讲三分钟就足够了

再大的、再深的道理都不要长篇大论，只要给孩子讲上三分钟就足够了。要知道，不管什么事，讲说的过程务必要简洁明了，层层推进，还必须得在三分钟内进入主题，这样才能抓住孩子的心。因为时间越长越会让孩子不耐烦，从而听不进去，说了也白说。

二、避免孩子的认知超载

平时给孩子讲解知识与道理时，一定要注意孩子可接受的限度，也就是说，不要让孩子一下子接受或记住太多东西。因为每个人接受任务与信息时，大脑有一个主观容量，如果要孩子学习或要记住某件事，超过这个容量，就会产生"认知超载"的后果，反而会适得其反。

三、换个角度再教导孩子

为了避免孩子产生反感心理，教育批评孩子时不妨换个角度再进行——最好能做到"犯了一次错，只能批评一次"，千万不要像"鹦鹉学话"那样重复一次又一次，以免孩子产生厌烦与反抗心理。

第7节
当孩子大发脾气时该怎么办——"避雷针效应"

亮亮今年读小学五年级，虽然他年纪小，可脾气却很大，常常动不动就发雷霆之怒，只要遇到一点不合意的小事，整个人就像吃了枪药似的，每次都气得父母"不行不行"的。

一天，亮亮的作业写得很糟糕，爸爸发现之后，便说了他几句。谁知，亮亮听了之后竟然"刷刷"几下将作业本给撕烂了，爸爸一气之下就伸手打了他一巴掌。可是，亮亮不但不悔改，反而倔强地说："你打死我吧，今天你不打死我就不是我爸爸！"

爸爸气得举手再打时，妈妈赶紧过来将爸爸拉走了。

可以说，生活中像亮亮这样的孩子有很多，他们的表现常常令爸爸妈妈很无奈：我家孩子脾气大得不得了，总是跟大人对着干，有时就想抓住他暴打一顿。可是，你越是严厉，孩子就越是不服气，有时他那种要死要活的样子，仿佛要与人拼命似的。哎，这可怎么办好呢？

其实，孩子虽小也有喜怒哀乐，脾气与情绪往往比大人还强烈。而且，他们的心智还不健全，自我控制能力又差，所以一遇到想不通的事，就会产生暴躁的情绪，这通常就是孩子爱发火的原因。

作为家长，我们一定要注重孩子的心理健康，学会对孩子的暴脾气及过分行为进行疏导——不妨多了解一下心理学上的"避雷针效应"，使孩子的坏情绪早些宣泄出去。

夏天都会发生一些电闪雷鸣、狂风大作的天气情况，每当遇上这样的天气，我们往往会看到一些高大的树木被雷电击折树枝或树干，但附近一些比树木还要高许多的建筑物，在雷电的袭击下却毫发未伤。这是怎么回事呢？

其实，这个功劳就要归功于高层建筑安装的避雷针了。

说起避雷针，世界上最早应用它的是美国科学家富兰克林：他将一根数米长的细铁棒，牢牢地固定在高大建筑物的顶端，并在铁棒与建筑物之间又用绝缘体隔开。然后，他拿了一根很细的导线，让它与铁棒的底端连接起来，并将导线引入地下就算完成了。

这个细细的小铁棒，其威力之大，竟能够把云层上面的电荷从保护物上方引向它，并且再安全地通过铁棒泄入大地，大大地减少了雷电带来的伤害。这是因为，它具有引雷性能和泄流性能，可以将雷电的威力进行疏导和宣泄，这样才保证了被保护物的安全。

关于这个现象，如果从心理学上来讲就是"避雷针效应"，其寓意是"善疏则通，能导必安"。它给我们的启示是：教育孩子最好的方法是进行疏导。

孩子发脾气、闹情绪、撒泼等，是他们在成长与发展过程中不可避免的情绪行为。比如，很多时候孩子爱发脾气、耍性子，大都是为了要满足某种需要，所以也没有什么大不了的。

儿童行为心理学

虽然大部分人的脾气与性格是天生的，但后天也能改变或培养出良好的一面。有关心理医师说，对待不良情绪，与其堵塞，不如疏导。

因此，我们在改良孩子的坏脾气时，如果采取强制或压迫的手段，就有可能使孩子产生孤僻的灰暗心理，从而给孩子造成精神苦闷。如果这种消极的情绪长时间得不到化解，就很可能成为隐藏在孩子心灵最深处的"暗流"。长期下去，孩子就可能会产生心理危机。

所以，改变孩子的心性与脾气，应从一点一滴的小事开始教育他。孩子有心事、闹情绪时，最好的办法就是帮他疏通，多与他进行心与心的交流，允许一次孩子与伙伴疯狂地玩闹，好让他的情绪得以释放。这样，等孩子明白了之后，就会理解我们对他的好。

阳阳的脾气越来越大，常常在家里摔东西，刚买的文具盒还没用三天就摔坏了。爸爸一气之下就打了他一顿，然后又给他买了一个新的。

过了几天，阳阳又因为发脾气将新文具盒给摔坏了，这时爸爸又揍了他。从此以后，无论如何打他、责骂他都丝毫没有用，阳阳摔东西的行为还是没有收敛的迹象。

"我看这孩子的情绪好像不对头，我们换个教育方法吧。我觉得以后你别再那么严厉地教训他了，他怎样发脾气我们都假装视而不见，过一段时间看看他有什么变化，然后再想办法教育他。"妈妈觉得这样下去不是办法，就对爸爸提议道。爸爸同意了妈妈的意见。

之后，阳阳在发脾气摔东西的时候，爸爸妈妈都像没看见一样，各自做自己的事，不管他如何折腾，都是一副不闻不问的样子。

没想到，这样过了几次之后，阳阳见爸爸妈妈都不理睬他，觉得很无趣，就不再故意摔东西以引起大人的注意了，暴脾气渐渐地也有所收敛。

我们知道，当孩子的行为过分时不能完全顺着他，但一味地与孩子硬碰硬也未必就好。要知道，孩子尚小，大都爱冲动，一遇到心情不好时就想发火。所以，我们要做一个有心的父母，随时洞察孩子的情绪变化，当孩子的情绪不激烈时，再慢慢地与他沟通。

必要时，可以采取一些技巧与孩子进行沟通。比如，用温和的态度跟孩子讲道理，向孩子表达对他的接纳和关爱，拉近孩子与我们的距离。可以告诉孩子，心情不好时对爸爸妈妈说，一味地冲动发脾气是很不好的，这样不但使爸爸妈妈生气，还会给自己的身心带来伤害。

当孩子看到爸爸妈妈不再责怪自己，还这么关心自己时，他就会有所感动。

我们应该早点让孩子明白：什么是可以做的，什么是不可以做的。特别是对于孩子的良好行为要及时表扬、奖励，使孩子的情绪朝良好的方向发展，从而恢复心理的健康状态。

第8节
孩子为什么总是爱哭泣——"哭泣效应"

沫沫今年刚上小学一年级，虽然他是个可爱的男孩子，但常因为一点小事就哭天抹泪，而且哭的时候声音很大。每当沫沫大哭时，妈妈就很不耐烦地责骂他："哭什么？有什么好哭？""整天哭哭啼啼的算什么好孩子？""哭坏了身体怎么办？""不许哭了，再哭就把你关在房间里！"

妈妈认为，沫沫爱哭是一种不好的现象，一是怕沫沫哭坏了身体，二是觉得男孩子整天哭鼻子是懦弱的表现。

在妈妈的恐吓之下，沫沫不敢再当着妈妈的面哭了。每当他心里委屈或不痛快的时候，他就躲在自己房间里偷偷抹眼泪。

一天，沫沫放学回到家，妈妈发现他眼眶红红的，便问他怎么回事。沫沫咬着嘴唇，半晌不说话。妈妈着急了，又追问他到底发生了什么事。

这时，妈妈接到老师的电话。老师告诉她，沫沫谎称生病不去上体育课，一个人躲在教室里哭。原来，自从妈妈恐吓沫沫以后，他心里非常难过，可他不敢当着妈妈的面流泪，这才躲在教室里哭。老师还告诉妈妈，沫沫情绪很低落，如果长期这样下去，就会引发多种心理疾病，严重影响身心健康。

妈妈这才知道自己差点犯了大错。

可以说，孩子大都爱哭，动不动就泪流满面。只不过，面对孩子的哭泣，很多家长都不喜欢——每当孩子哭泣时，我们总是习惯性地说"不哭、不哭"，或是严厉地制止孩子"不许哭、不能哭"，好像孩子一哭就是不好的现象。

殊不知，"哭泣"是人类正常生理情绪的表露，也是人类表达感情的一种方式。严厉地阻止孩子哭泣，会给孩子带来很大的伤害，从而影响孩子正常的生理与心理发展。因为孩子和成人一样，他们的情绪也需要宣泄，而哭恰恰是孩子表达内心需求、宣泄情绪的一种方式。

尤其是那些年龄小点的孩子，当自己的某一要求达不到时，就有可能哭闹。更多的时候，孩子往往是受了某种委屈而以哭泣来表达心中的不满，这都是正常现象。

当孩子哭时，大人通常会有以下这些习惯性的反应：

1. 打击自尊——叫你别哭，你还哭？一点出息都没有！

2. 埋怨——就知道哭，哭有什么用？

3. 反感——哭什么哭？哎哟，烦死了！

4. 威胁——你再哭，爸爸（妈妈）就不要你了！

5. 冷漠——去一边哭去，哭完了再回来。

6. 嘲笑——男子汉怎么能随便哭鼻子呢？

7. 恐吓——你再哭，我就把你丢在大街上不管了！

8. 制止——不许哭! 不要哭! 别哭了!

9. 否定——这么点小事有什么大不了的, 有什么好哭的?

10. 斥责——看你怎么搞的? 还好意思哭!

11. 妥协——好吧, 别哭了, 你想怎么样就怎么样吧。

12. 诱惑——不要哭了, 妈妈带你去游乐场玩你最喜欢玩的, 好吧?

我们这样做的结果是什么呢? 叫孩子"不要哭", 孩子真的就不再哭了吗? 假如孩子真的不哭了, 就皆大欢喜了吗? 结果只能有以下四种:

1. 孩子迫于我们的威胁, 强忍住泪水, 情绪被压抑在心里。

2. 我们越制止, 孩子越反感, 越是抽抽搭搭哭个不停。

3. 在我们妥协之后, 孩子学会了利用哭闹作为威胁你的武器。

4. 孩子受到启发之后, 不再哭, 变得坚强和乐观。

显然, 第四种结果才是我们希望看到的, 但在很多时候, 孩子的反应都不能达到我们所期望的结果。

所以, 虽然我们都希望孩子永远幸福快乐、欢声笑语, 但哭和笑都是孩子真实的情感流露。因此, 我们只有接纳孩子哭泣、允许孩子哭泣, 才是对孩子最好的关爱。

科学家早就对眼泪进行过科学研究。研究发现, 泪水中含有一种叫"溶菌酶"的化学物质, 这种物质对人体是有益的, 它具有杀灭病菌的作用。因此, 情绪心理学认为: 人们因悲痛而哭泣之后就会产生心情舒畅、避免不幸后果发生的现象, 它被称为"哭泣效应"。

美国化学家布鲁纳西通过研究发现，人在动感情时流的眼泪，与因洋葱刺激而流的眼泪，其化学成分有很大的不同。

美国生物学家弗雷也认为：人在不同情况下流出的眼泪所含的化学成分是不同的，眼泪中复杂的化学组成与哭泣时的情绪有关。比如，人在痛哭时所流的眼泪中含有有害身心健康的物质，而当风沙细物进入眼中所流的眼泪则没有这些成分。

他还发现，当人的精神焦虑不安、压力过大时，人体就会产生过量的肾上腺皮质激素，那么，由于大量的激素存在，当我们经受强烈的感情冲击而非常伤感、痛苦时，身体就会在情感的催化下，用大量的泪水将体内多余并有害的化学物质"冲走"。

由此可见，正常的哭泣对人体能产生积极的心理效应。人们在极度痛苦或万分委屈时，如果能痛痛快快地大哭一场，待情绪稳定之后就会产生积极的心理效应。

所以，让孩子哭一哭并不是坏事。对此，心理学家认为孩子哭泣至少有以下三点益处：

一、使孩子的不良情绪得以宣泄

要知道，孩子都是感性的，如果硬让孩子憋住不哭，对孩子的心灵将是很大的伤害。所以，当孩子受了委屈想要哭时，不要去极力阻止，也不要责骂，而应引导孩子痛痛快快地哭出来。因为，哭泣可以帮孩子减缓心理压力，哭是孩子宣泄消极情绪的最好渠道。

二、放松紧张情绪

研究发现，哭泣能使极度紧张的情绪得到合理的放松。而且，当一个人过于紧张时，不但会引发高血压，还会大大提高人体的患

病率。所以，让孩子痛痛快快地哭一哭，可以松弛他紧绷着的情绪，并释放体内的不良因素，从而利于身心健康。

三、保护心理机制

有人说，哭泣是孩子自我保护的"杀手锏"。心理学研究表明，当人受到严重的精神创伤后，如果能毫无顾忌地哭一场，精神就会得到一次洗礼，从而可以自我拯救将要崩溃的精神。所以，哭泣可以很好地疏导负面情绪。

其实，哭不是什么可怕的事，哭只是一个信号，有助于我们了解孩子的内心。孩子哭泣并没有什么不好，唯一不好的地方就是我们的心魔：从心底里讨厌孩子哭泣！

因此，很多家长都不允许孩子哭，故而采取了一些错误的方式去对待，比如粗暴地制止、恐吓、威胁等。

孩子哭一定是有原因的，由于孩子的语言表达能力还不够有逻辑，理性思维能力也不够全面，自我控制能力更不够强，所以在挫折、伤害、悲伤、压力、委屈、失望等问题面前，表现出哭泣的状态是十分合理而正常的。如果我们要求一个几岁的孩子在痛苦面前保持淡定，那才是真正的不正常呢！

现在，我们要做的很简单，那就是接纳孩子的情绪，把哭的权利还给孩子！

当孩子哭泣不止时，先让孩子把不满的情绪通过泪水安全地释放出去，缓一缓，先处理情绪，再处理实际问题。要知道，孩子的哭泣，很多时候正是为了之后更明媚的笑容。

家长接纳孩子的哭泣，最好的方法是从以下几点做起：

1. 接纳孩子的消极情绪。

2. 面对孩子哭，要保持冷静。

3. 尊重孩子哭的权利。

4. 倾听孩子的心里话。

5. 孩子哭个不停，也不要烦。

6. 引导孩子学习管理自己的情绪。

7. 将孩子搂在怀里，让他舒服地哭一哭。

第9节
孩子小小年纪为什么总说自己很累——"心理性疲劳"

伊伊今年已经读小学五年级了，她不但学习成绩好，而且各方面能力都很优秀，平时在才艺班里，她的钢琴与绘画都学得很棒，经常得到老师的称赞与表扬。爸爸妈妈为她感到很骄傲，尤其是妈妈，总是渴望她能成为最优秀的女孩。

最近一段时间里，伊伊却像换了个人似的，一回到家里就直喊："累死我了！""我不想动了！"对此，爸爸妈妈也不怎么在意，以为孩子是想逃避功课而故意说的。

可是，伊伊的心里却有着莫名的惶恐，因为她觉得自己好像做

什么都打不起精神来了，脑子也没有以前聪明了——一些很简单的题，做了几次还是会做错；以前读几遍就能记住的课文，现在都诵读了 N 次还是记不住；以前练习几遍就能熟练的琴谱，现在练了好多遍都没有效果……尤其是这次期中考试，她的成绩竟然下降了一大截。

这是怎么回事？爸爸妈妈这才感到了问题的严重性。

其实，妈妈是个非常要强的人，从小就严格要求伊伊，不管在哪方面都想让孩子做第一——伊伊如果有一件事没做好，妈妈就会很着急。所以，为了将伊伊打造成"优秀女孩"，除了上学等正常的学习功课之外，妈妈还给伊伊报了钢琴和绘画两门才艺班，这样每到周末这两天，伊伊就得赶紧去才艺班。并且，每天晚上做完老师布置的作业后，还得再完成爸爸妈妈为她安排的功课。

这样看来，伊伊之所以会经常喊"累"，就是因为她长期生活在总是做不完的功课压力之下，从而患上了心理学上所讲的"心理性疲劳症"。

所谓"心理性疲劳"，心理学专家认为："它是一个人长期从事一些单调、繁琐、沉重以及机械性的工作，从而引起大脑中枢局部神经细胞过于紧张以及生理过劳而产生的厌倦情绪与困乏心理，使人对工作或学习的热情明显降低或兴趣全无，并且还产生了抵触心理与抵抗情绪，从而不想再从事此类工作的心理状态的体现。"可见，患心理性疲劳的人，大都是那些压力较大、因脑力劳动而感到心累的人。

那么，孩子也会感到心累吗？

是的，不光成人常会觉得心累，孩子也会心理疲劳。据大量的调查发现，现在有不少孩子在放学回家后常常对父母说"累得不想动弹了！""好困啊！"之类的话。

其实，孩子所说的"累"，就是在紧张学习之后产生的一种疲劳感，而这种疲劳大多都是属于心理上的疲劳。

对此，有专家认为，孩子患心理疲劳严重的可能会发展成心理病态，从而严重影响孩子的身心健康。所以，我们应做个有心的家长，一旦发现孩子经常处于疲劳状态时，应分析一下孩子的情况是属于生理性疲劳还是心理性疲劳。

如果是生理性疲劳，通常让孩子好好休息一下即可，但若是心理性疲劳，就要多注意了。专家认为，孩子患上心理性疲劳之后，往往会有以下几种表现：

1. 每到上学之前，孩子就会喊"肚子疼""头痛"之类的话。

2. 孩子开始不愿做作业，而且一看书就犯困。

3. 孩子变得不爱上学，更不愿见到自己的老师。

4. 孩子不愿向大人说起自己在学习上的事情。

5. 上课时，孩子常常打不起精神，课后却十分活跃，表现为"玩不够"。

6. 父母询问学习情况，孩子往往会保持沉默，或者表现烦躁，或者转移话题。

7. 孩子的注意力常常不能集中，有时虽然也在看书，却看不进去。

此外，孩子患上心理疲劳之后，常常会表现出精神萎靡、心烦意乱，在行为上还常常会健忘、失眠，尤其是疲乏、厌倦等症状更为明显，对不喜欢的事情产生严重的抵触情绪。并且，情况严重的孩子可能会出现神经衰弱，如果长期得不到缓解，还可能引发"抑郁症"与"强迫症"等心理障碍。

所以，心理疲劳不但会导致孩子对学习的厌倦情绪，还会使孩子引发心理疾病，对身心健康带来严重的影响。

因此，如果发现孩子的"累"属于心理性疲劳，父母一定要高度重视。

不过，家长也不必过于惊慌，要从根本上找原因，对孩子要有个全面的了解和正确的估计，查看孩子的作业量或业余功课是否过多，学习的时间是否排得太紧凑，孩子的压力是否过大等，从而为孩子减压，还孩子一个轻松的生活空间。

给孩子减压，具体可以参考以下方法：

一、给孩子一定的空闲时间

现在的孩子往往比大人还忙，才从学校回来，就得赶紧去上才艺班；写完作业，还得练习艺术课……这样，他们怎么吃得消呢？想想，让孩子长期生活在紧张的学习之中，连一点空闲时间都没有，孩子的生活还有什么乐趣？所以，在确保孩子的休息和营养之外，我们还应减轻孩子的学习负担，将童年的快乐还给孩子。

二、培养孩子的意志力

平时，对孩子进行适当严格的要求也是应该的。比如，为了培养孩子坚强的意志力，可以经常告诫孩子做到"胜不骄、败不馁"，使孩子的心里强大起来，这样他才不会轻易被困难打倒。但是，选择培养的方法切不可简单粗暴，更不能打击孩子的信心，要始终都对孩子保持一片慈爱之心。

三、保证合理而充分的休息

要知道，孩子正处于生长发育的重要时期，与成年人不同的是，他们需要更多的睡眠时间才能保证身体的成长。所以，在让孩子学习之余，切不要忘了让孩子多休息，以调节脑力疲劳。只有保证孩子合理的休息、充足的睡眠，才能使他尽快恢复或补充体内的能量。

四、多关注孩子全面素质的发展

作为家长，平时不要一味地督促孩子学习再学习，而忽略了其他成长因素，比如自理生活成长能力、情绪自控能力、人际协调能力、挫折承受力、道德品格等。

要知道，孩子的成长需要全面发展，将来他才能成为一个优秀的人才，所以，平时不要只盯着孩子的学习成绩不放。

五、帮孩子疏通堵塞的思路

平时要多带孩子外出活动，以丰富孩子的人生阅历、增加他接触大自然和社会的机会。当孩子学习有困难时，要先帮孩子疏通堵塞的思路。比如，孩子写作文没有头绪时，一定要让孩子去亲身感受，并有意识地引导他观察和积累有用的素材。这有助于孩子打开思路，减轻或消除心头的堵塞感。

第 10 节
宽容让孩子更好地成长——"南风效应"

法国作家拉·封丹曾写过这样一则寓言：北风和南风互不相让，都觉得自己很厉害。于是，它们决定较量一番——谁能先把行人身上的棉衣脱掉，谁就是最厉害的。

北风先展示自己的力量——只见它张开大嘴，呼呼地吹起冷空气，不大一会儿，天气就变得寒冷刺骨。这时，人们为了抵御寒冷的侵袭，立即把身上的棉衣裹得紧紧的。该南风展示自己的力量了——只见南风轻轻地张开嘴，呼出一些温暖的气息，气候变得温和起来，风和日丽，犹如春天，于是人们纷纷脱掉了身上的棉衣。

就这样，北风败了，南风获得了胜利。这就是心理学上所讲的"南风效应"。

从这个效应中，我们可以看出一味地严厉并不能使人屈服，唯有大度、温和与宽容，才能赢得别人的信服。

家庭教育更是如此。如果对孩子的成长一味地严格对待，像"北风"式的棍棒法则往往会使孩子难以接受，并且产生逆反心理；如果像"南风"一样采用温和的宽容教育，则往往能使孩子受到启发，从而进行自我反省。

这天，彤彤一个人躲在房间里发呆，因为她做了一件错误的事：放学后由于在路边的草丛里玩，把书包弄丢了。因此，回家时她是悄悄溜进房间的，幸好妈妈没注意到她，要不然，妈妈非把她打个半死不可。

因为平时贪玩，她经常会忘了写作业或丢东西。为此，妈妈没少教训她，可她就是难以改正。可是，现在没有了书包，明天怎么去上学呢？况且，这件事瞒得过一时，也瞒不过一世啊——妈妈早晚都会知道，这可怎么办呢？想来想去，彤彤想不出更好的办法，于是在房间里小声地哭了起来。

"阿姨，彤彤回来了吗？这是她的书包，忘在路边了，我给她拿回来了。"宁宁敲开了她家的房门说道。

宁宁和彤彤是同学，也是好朋友，经常一块上下学。今天，彤彤跑进草丛里追蝴蝶的时候，把书包丢在了路边，宁宁在路边等了一会儿，还不见彤彤，就拿起她的书包和其他同学一块回家了。

彤彤回来时忘记了自己的书包，不过，她也没怎么在意，因为她的手里还抓着两只漂亮的蝴蝶呢，便美滋滋地回家了。其实，天生贪玩的她一向如此，只是回到家以后才想起自己的书包没有了。

"什么？这个死丫头，把书包丢了都不知道，我说今天她待在房间里那么老实，看我不打死她！"妈妈说着，就顺手拿起一把扫帚，推开彤彤的房门就要打，吓得彤彤双手抱着头哭起来。

"阿姨，您别打了，你看彤彤都让你打傻了！"宁宁一边拉着彤彤，一边劝道。

"你别管,我不打她,她就不会改这个坏毛病!"妈妈不依不饶。

"阿姨,您错了。我们老师说好孩子不是打出来的,您看您经常打彤彤,她怎么还这样呢?"宁宁说。

"这……"妈妈停了手。是的,妈妈一向都很凶,稍有点错就对彤彤进行打骂。彤彤由于害怕自己挨打挨骂,什么事都不再跟妈妈说。

故事中的彤彤为什么屡屡犯错?为什么犯了错不敢跟妈妈讲?

究其原因,就是妈妈对她太严厉了,不允许她出任何差错——稍有差错就非打即骂,才使年幼的彤彤如惊弓之鸟,连丢了书包这样的事都不敢告诉妈妈。

因此,对孩子的管教过于严厉,不容许孩子有丝毫的差错,并不是教育的上策。

孩子毕竟是孩子,他们在成长的过程中是不可能不犯错的。如果我们过分严厉地要求孩子做事不出任何差错,那么,孩子犯了错误后,由于内心的恐惧就会极力掩盖,闭口不谈自己的过失——纵然打死他也不会让你知道发生了什么。

所以,我们要想达到被他接纳的目的,就要顺应他人的内在需要,而不是用恐吓与强迫的方式来使他人就范。就像心理学上所讲的"南风效应",当孩子犯了错,我们不妨宽容孩子,让孩子有信心与勇气承认自己做错了什么,这样我们才能更好地教育他。

法国作家罗曼·罗兰说:"人生应当做点错事。做错事,就是长见识。"是的,人不可能不犯错误,犯了错误只要懂得去悔改,总可以回头的——尤其是孩子，可以说他们就是在大大小小的错误中成长起来的。

因此，如果我们不允许孩子犯错，那就是不允许孩子成长。

心理学家分析说："一个错误一旦发生，就算你再发火，它也已经发生了。眼下你最应该做的就是如何避免重复犯这个错误。"没有什么人是不可以原谅的，更没有什么错误是不可以改正的，我们需要的是一颗懂得宽容的心，而不是一味地指责与惩罚。

比如，当孩子不小心打碎了一个茶杯，无论你如何责罚孩子，茶杯也都是破碎了，这时，你应该做的就是告诉孩子：怎么样将破碎的茶杯收拾好，而不是让茶杯的碎渣割破你的手指；之后，告诉孩子下次怎样安全使用茶杯。并且，你的态度要温和，而不是严厉。这样，才能让孩子反省，并记住你的话。

发展心理学家认为："孩子小时候就像一盘录像带，需要预演与体验自己所有的情绪与行为，以留下适当的印痕，而这些印痕便是他们以后成长路上可利用的资源。"对一件事，孩子可以通过"心理反刍"找到较为合适的应对方法，所以，孩子小时候犯一些错误，再通过错误来认知与外界或他人的关系，就是他们成长的方式。

父母应该给予孩子犯错误的权利和改正错误的机会，冷静地听一听孩子的想法与解释。当孩子在尝试新事物的过程中犯了错误时，父母不可以过于责备，而应鼓励孩子再次尝试。

要用全面、发展的眼光去看待孩子，并帮助孩子找出错误的原因，教给他改正的方法与技巧，才能让孩子健康成长。

第五章

多带孩子外出交往，
　　教孩子扮演好自己的社会角色

　　如果我们想让孩子胜任自己的角色，还得多让孩子走进生活，多接触社会，多了解一些人和事，这样才能增加孩子对不同社会角色的感性认识。

第 1 节
教孩子扮演好自己的社会角色——"角色效应"

社会心理学家辛巴多和他的学生在斯坦福大学的地下室里，曾做过一个特别的实验——刺激"犯人"的实验。

这项实验的日期计划为两周，他们将做实验的年轻人分别以抛掷硬币来决定充当"看守"和"犯人"这两种角色。

在实验的过程中，充当"看守"的一组人，表现得越来越像真正的"监狱看守"，他们不断对"犯人"进行严厉的管制，并不断增加一些新的管制条例，比如：羞辱、强迫、惩罚、威胁，甚至殴打。总之，他们很彻底地投入到扮演的角色中。

充当"犯人"的一组人，在开始受到羞辱与强迫时还表现出了极力的反抗，但在他们的反抗活动不断遭到强力"镇压"后，他们对不公平的处罚渐渐地变得习以为常，而且还彻底地投入到扮演的角色中——他们一个个都像真正的犯人那样，开始表现出习惯性无助的征象，甚至有些人渐渐感到大脑失常。

后来，参加实验的这群年轻人的行为表现，越来越像自己所扮演的角色。并且，他们的行为开始失去控制，逐步变得让人害怕起来。

这项著名的心理学实验，被称之为"角色效应"。实验的结果从一个侧面反映了社会角色所蕴含的巨大力量：充当何种角色在很大程度上会影响人的行为——它能让一个年轻人迅速变成"看守"，也能让一个人轻易地变成"囚犯"。

这个实验明显地告诉我们：社会角色适应对人际发展有着很大的重要性。

我们要成功地扮演好自己的角色，既迎合社会的需要，也能满足个人的发展，否则，我们将会被淘汰。所以，为了使孩子的人际关系更为融洽和谐，为了使孩子今后的发展更为顺利，我们一定要从小培养孩子良好的角色意识和角色扮演能力。

英国女王维多利亚有一次和丈夫在书房发生了激烈的冲突，双方各不相让，大吵了一架。两人争吵之后，丈夫阿尔伯特亲王非常生气，一个人怒气冲冲地回了卧室。

等维多利亚去卧室睡觉时，才发现房门紧闭，怎么都推不开。于是，她就像往常一样说："快开门！"

但屋子里没有任何反应，女王只好"咚咚"地敲门。

"你是谁？"阿尔伯特在里面问。

"我是英国女王。"维多利亚气势汹汹地回答，但房间里仍然没有任何反应。

"我是维多利亚，你不知道吗？"过了一会儿，维多利亚只好声音柔和地说。

可是，房门还是没有打开。

"亲爱的，开门吧，我是你的妻子。"最后，维多利亚只好耐着性子用温柔的声音说。

这次，话音刚落房门就打开了。

维多利亚的故事，非常鲜明地表现了"社会角色转换定律"。

是的，一个人所扮演的角色变化与转换只有得当或合理，才能使他的人际交往顺利进行。否则，就会像维多利亚一样吃"闭门羹"。所以，孩子的社会角色一定要随着时间和场景的不同而发生变化与转换，这样才能使孩子在人际交往中游刃有余。

要知道，那些不能胜任各种角色的人，不但容易发生社会角色冲突，还会闹出很多让人啼笑皆非的笑话，从而给自己的生活带来困扰，给自己的发展带来障碍。

尤其是一些独生子女，在社会交往方面存在着很多的不足，他们不但在交往中主动性差，还不能大胆地表达自己的思想，或不会与人合作，不知如何交谈。但还有部分孩子表现得自私霸道、不讲道理。这些行为，就是没有将自己的社会角色扮演好的具体表现。

心理学家罗杰说："一旦理解孩子的内心世界等态度出现时，激动人心的事情就发生了——所得的报偿不仅仅在像分数和阅读成绩一类的事情方面，而且也在较难捉摸的品质上，诸如更强的自信心，与日俱增的创造性，对他人更大的喜爱。"这句话明确指出了，人与人之间心理位置互换教育所产生的"整体效应"。

其实，不管是哪类社会角色，都有相应的角色行为及规范才能

使这个角色与其他角色进行合理地运作，并且，不同角色有不同的权利和义务。所以，在生活中，我们不但要让孩子学会扮演很多不同的角色，还要让孩子把握好角色的转换，这才是消除社会角色冲突与解决人际关系矛盾的有效方法。

日本心理学家长岛真夫曾做过一个"班级角色"实验——对儿童个性塑造的研究。

他选了小学五年级的一个班级进行实验：挑选了在班级中地位较低的 8 名同学，之后便当着全班同学的面，任命他们为班委成员，并给予适当地指导。

一个学期过后，这些同学在班级中的威信有了明显的提高。到了第二学期选举班干部时，这 8 名同学中竟然有 6 名又被选为班委成员。

这时，长岛真夫仔细观察了这 6 名同学的性格表现与学习成绩，诸如自尊心、成绩、安定感、爱表扬、组织能力和责任心等，发现较之前均有显著的提高与改善。

从这个实验中我们可以看出：角色为学生提供了锻炼与学习自我管理的机会，它转变了学生在班级管理中的地位与角色；班级角色的改变使孩子的个体角色也发生了变化，而这一变化激发了孩子蕴藏着的更多潜能。

对此，一些儿童教育家认为，儿童正处在个性发展的重要时期，其个性发展具有很强的可塑性。而对一些低幼年级的学生来说，他们在学校和班级中所充当的角色，往往是其性格塑造的关键因素。

因此，儿童性格的形成，在很大程度上是受"角色"影响的。特别是对一些性格内向、不善表现的儿童来说，因为角色职责的实施，开始主动与别人进行沟通、交流，使他们在班集体中的自信心开始增强，潜能力也得以开发。所以，角色转换良好有助于孩子的健康成长。

著名教育家陶行知先生指出："生活教育是生活所原有，生活所自营，生活所必需的教育。教育的根本意义是生活之变化。生活无时不变，即生活无时无刻含有教育的意义。"他告诉我们，教育要引导孩子走进生活，让孩子成为自己的主体，让他们学会自主。

是的，如果我们想让孩子胜任自己的角色，还得多让孩子走进生活，多接触社会，多了解一些人和事，这样才能增加孩子对不同社会角色的感性认识。如果孩子不太喜欢交往，可以告诉他，每一种角色的相应能力都不是天生的，大部分人都要靠后天的学习才能掌握与应用。

我们还要告诉孩子，当自己的角色转换后，还应当对不同的角色履行相应的权利和义务，这样在交往中才不会发生矛盾与冲突。等孩子有了一定的生活经验及对角色的充分认知之后，他就可以慢慢地扮演好自己的社会角色了。

第2节
孩子为什么总是从外表看人——"以貌取人心理"

小文上小学六年级,她有一个好习惯——天生喜欢漂亮、干净的东西,爸爸妈妈每天都将她打扮得像个小公主似的。她还有一个坏毛病,经常胡乱猜测同学。

这天中午,在上课之前,有个同学突然说自己放在书包里的10元钱不见了。

"怎么没有了?""肯定是谁拿走了!""那是谁拿走了?"同学们议论纷纷。

"咦?让我想想是谁拿走了?"只见小文歪着小脑袋,努力地猜想着……

"哦!我猜到了,一定是小娟拿走了!"小文说。

"啊?是她?"同学们都有些惊讶,同时,纷纷将目光投向了坐在角落里的小娟。

"我……我没……没有拿。"小娟怯怯地说。

"你怎么没拿,肯定是你拿了!"小文一口咬定是小娟拿了。

"你……你凭什么说是我拿了?"小娟气得脸都涨红了。

"看你穿的衣服那么破旧,每天也没见过你花钱。像你这么穷的人不拿，还能有谁拿呀？"小文振振有词地说。

"对对，看她穿得那么穷酸，肯定是她拿了。""是啊，她那么穷肯定是她拿的……"大家纷纷指定是小娟拿了同学的钱。

"你们……呜呜……"小娟委屈地哭起来。

"怎么这么吵？发生什么事了？"这时班主任老师来上课了，看到情形不对头，便问道。

"老师……"丢钱的同学、小文、小娟等纷纷向老师反映情况。

"哦……我明白了。我们一起来找找，看这个同学的钱丢到哪儿去了！"老师吩咐道。

于是，整个班里的同学都纷纷帮着找钱。没想到找到最后，钱仍然在那个同学的书包里——夹在一本课本里，因此那个同学没有找到。

这时，小娟由于被小文诬陷偷钱而向老师告状，老师觉得小文做得确实不对，便当着全班同学的面批评了她。此后，小娟再也不搭理小文了。

从这个故事中，我们可以看出"以貌取人"的心理，不仅常出现在成年人中，在孩子的眼里也存在。并且，这种心理很不可取，因为不管什么事物，我们一眼是看不透的，仅凭一些初步了解是判断不准的。

我国早有古训：人不可貌相，海水不可斗量。很多时候，我们亲眼看到的也不一定是真实的，因为那些长相丑陋的人也许是大好人，而那些相貌堂堂的人也有可能是伪君子；那些打扮时尚的女孩

并非是贪图物质享乐的女孩，而那些外表帅气大方的男孩也有可能是徒有其表的花花公子。

所以，我们培养孩子的交往能力时，一定要重视这一点，告诉孩子，待人接物切不要以貌取人。

关于以貌取人的现象，心理学家曾做过这样一个实验：实验者先选定一些作者的文章与他们的照片，这些文章有的水平较高，有的水平则较低。而且，他们的照片也是有的漂亮，有的不漂亮，总之各不相同。并且，这些作者的文章水平的高低与他们照片的漂亮程度并不相对应。

也就是说，漂亮作者的文章不见得水平高，而不漂亮作者的文章水平未必就低。可是，当心理学家找了一批人来阅读这些作者的文章及观看了他们的照片之后，却出现了一个奇怪现象：阅读者一致认为，水平高的文章是那些长得漂亮的作者所写；而水平差的文章，自然就是那些长得丑的作者所写。

这个实验证明了人人都喜欢"以貌取人"的心理特征，并充分说明了一个问题：人们对容貌漂亮的人不但容易产生好感，还会给他们很高的评价。

是的，这种情况在生活中普遍存在：看到美丽的花朵往往会欣赏一番，看到凋谢的花枝总是不屑一顾；看到漂亮可爱的孩子总想抱一抱，而看到脏兮兮的孩子总是远远地走开……

在人际交往中，特别是对不太熟悉的人进行评价时，我们往往会从一个人的相貌判断其是否可信可靠，从而陷入一种主观误区——

"以貌取人""以偏概全"的眼光之中。殊不知，一味地以貌取人，不仅会伤害他人，还会给自己带来无法弥补的损失。尤其是孩子，常常会一叶障目，从而使自己吃大亏。

一项最新的研究显示，儿童大多也喜欢"以貌取人"——如果你拥有一副漂亮的面孔，大多数孩子都会选择信任你。

这是美国哈佛大学教授伊格尔主导研究的，他找了 32 名 4 岁至 5 岁的儿童进行测试，发现这些孩子比较信任拥有漂亮脸蛋的成年人，尤其是"漂亮的女性"。因此，这项研究结果显示，即使是天真的小孩子也会"以貌取人"！

他还发现：当孩子渐渐懂事，接触到外面的世界时，他们会严重依赖他人提供的讯息，例如选择相信较年长的成年人。

所以，我们一定要早点告诫孩子，在交往中切不可以貌取人或妄下结论，更不可凭着自己的感觉去交友，以免误解他人或使自己上当受骗。

平时，我们要教孩子做一个有涵养、有素质的人，不要被一些不良风气或劣行所诱惑，让孩子早点学会端正自己的思想，任何时候都不要以貌取人。

这是因为，生活中有很多衣着简朴而有真才实学的人，仅凭穿着考究去看人，是万万行不通的——让孩子知道，以貌取人最容易误人误己。

第3节
怎样让孩子把握交往中的分寸——"阿伦森效应"

有一位退休的老人，为了图清静，便在郊区买了一所房子。

老人住下的前两个月还算安稳，可一段时间后学校放了暑假，有几个孩子便在房子前面的空地上练习踢足球，天天追逐打闹、大喊大叫的，闹腾得老人不能安生。

老人便出去对这些孩子说："你们玩得不错啊，我也是喜欢热闹的人。如果你们每天都来这里玩耍，我给你们每人两元钱。"

孩子们一听，高兴得不得了，玩耍还能得钱，这事太美了。于是，他们更加卖力地闹腾起来。

过了两天，老人来到孩子们跟前，给他们发钱，却愁眉苦脸地说："我到现在还没收到养老金，所以从明天起，每天只能给你们一元钱了。"这时孩子们虽然觉得钱少了点，但还是接受了老人的钱，每天下午继续来这里热闹一阵子。

又过了两天，老人对孩子们说："孩子们，真不好意思，现在物价上涨得这么快，我不得不重新计划我的开支，所以每天只能给你们两毛钱了。"

"两毛钱？这也太少了吧？买根冰棍都不够呢。"一个孩子十分不满地说。

"对，太少了。""太少了，我们不干了！"孩子们一边说，一边气呼呼地走了。从此，老人重新拥有了安静的生活。

这个故事中，老人劝孩子离开的方式，其实暗含了心理学上的"阿伦森效应"。人们心里都反感那些对自己的奖励、赞扬不断减少的人或事，而都喜欢那些奖励、赞扬不断增加的人或事。

我们培养孩子的交往能力也是如此——一定要让他们掌握好说话的方式与分寸，不要总认为"童言无忌"而触犯了心理学上的"阿伦森效应"。

在交往时，同样意思的话，却往往因为说话人的表达方式不同而产生截然不同的效果。比如，同样是请求别人帮忙处理一件事，有的人简单几句话就能使对方欣然答应，而有的人话说了一箩筐，对方还是会一口回绝。这就是说话的艺术。

美国社会心理学家阿伦森做过一个实验：他将一些人分成四个小组，第一组的人不管表现如何，给他们的评价始终是否定，第二组的人评价始终是肯定，第三组的人评价是先褒后贬，第四组的人评价是先贬后褒。

最后，实验的结果发现：第一组的人对评价表示不满意，第二组的人对评价表示为满意，第三组的人对评价表示极不满意，第四组的人对评价表示最为满意。

从这项实验中我们可以看出，先否定、后肯定的语言表达对方最愿意接受，先抑后扬的表达方式能使人开心快乐；先肯定、后否

定的语言表达对方最难接受，先扬后抑的方式对方很是反感。

这种心理规律即"阿伦森效应"，它也告诉我们，好与坏、喜与悲是经常相互转化的。

同样的道理，当一个人说话、办事方法得当时，就好办得多；若是失去分寸，即使好办的事也往往难办成功。所以，在与人交往时，我们应该避免由于自己不当的表达方式给他人带来的痛苦或难堪，使交往产生不愉快。即使是孩子，在交往时也要注意这一点。

作为家长，我们应该告诉孩子，交往中不能想说什么就说什么，想怎么表达就怎么表达，因为这样很容易得罪小伙伴。

丫丫10岁了，是个活泼可爱的女孩子，尤其是她那张小嘴非常厉害，说话像竹筒倒豆子似的噼里啪啦地不饶人。

一天，舅舅带着7岁的小表弟去丫丫家做客，她看到他们就说："你们怎么现在就来了，吃午饭还早着呢。"

"我们来早了，来早了。"舅舅无奈地说道。

"看你脚上那双鞋脏的，马上换了！"丫丫厉声对小表弟说。小表弟只好怯怯地将鞋子换了。

大家坐在沙发上看电视的时候，剧情里出现了一个小丑人物，丫丫马上对小表弟说："他的样子和你差不多。"这话说得小表弟满脸通红。

一会儿，剧情里有个人发脾气，丫丫又说："舅舅，你看他发疯的样子多像你。"气得舅舅朝她直瞪眼，起身就要离开。

这时，妈妈赶紧出来打圆场，舅舅与小表弟才没有生气地离开。

生活中像丫丫这样的孩子有很多，他们大多都个性很直接，尤其是那些特别调皮的，在与人互动时想说什么就说什么，也不管对方是什么人，有时会搞些恶作剧，一点礼貌也没有。特别是将对方的缺点一口气都说出来，弄得对方尴尬、难堪，非常不悦。

就像故事中的丫丫，说话总喜欢直截了当，把一些该说或不该说的话都一股脑儿说出口，直接就犯了"阿伦森效应"中最不好的一面，一下子得罪了对方还不自知。试想：这样下去，这孩子怎么与他人交往呢？长大以后又怎么拥有良好的人际关系呢？

所以，家长一定要重视孩子这方面的交往症结，培养孩子讲话的方式与分寸。希望下列几点建议可以帮助你解决问题：

一、让孩子道歉

如果孩子说话伤害了别人，并且是故意的，就得让孩子为自己说过的话道歉，要让他亲自说"对不起"，以求得对方的原谅。如果孩子不知道该怎么做，就要私下向孩子解释，让他知道对方听了他的话会有什么不愉快的感受，所以以后不要再这样做。

二、让孩子学会正确的说话方式

正确的说话方式对孩子非常重要，因为，很多时候孩子想表达对他人的关心，由于表达方式不当，结果弄巧成拙，让对方产生了误解，从而引起不愉快。所以，我们应该教给孩子与人交谈的正确方法，以免孩子因为不会说话而影响交往的成功。

三、让孩子体验一下被奚落的心情

当孩子向你诉苦自己被人奚落了，心情很不好时，可以借机告

诉他："你心里很难受是吧，这下你也知道被人挑毛病是啥滋味了吧？你总是那么爱说人家的短处，时间一长，人家不反过来说你吗？"这样，当孩子体验到被他人奚落的滋味后，口无遮拦的说话方式也会收敛很多。

第4节
交往中孩子总是人云亦云怎么办——"从众心理"

美国社会心理学家阿希做过这样一个实验：在一所大学里请了6名大学生自愿做他的实验者，并且跟他们说实验的目的是研究视觉情况。之后，他悄悄地让其中的5个人来到实验室，让他们配合他做假实验。然后，他们就坐在安排好的地方。

当第6个人来到时，看到有5个人都坐在那里了，他只能坐在第6个位置上。而且，他一点也不知道只有他自己是真的实验者，而另5个人只是配合阿希演戏。

阿希要求6个人一起做一个关于"线段长度"的判断：他先拿出一张画有一条竖线的卡片，让这6个人都看了一下；接着，他又拿出一张画有几条线的卡片，让他们都看看。由于这些线条的长短差异很明显，这6个大学生都做出了正确的判断。

在两次正常判断之后，先来实验室的那5个学生竟然异口同声地说出一个相同的错误答案，只有第 6 个人说的是正确的。

这样的判断继续进行了 18 次。然而，最后来到实验室的这个大学生心里开始迷惑了：究竟是别人看错了？还是自己看错了？如果自己的判断是正确的，那他们 5 个人不可能都是判断错误的吧？

于是，在犹豫不决了好长一阵子后，他不由自主地产生了从众心理，让自己也选择了与那 5 个人相同的答案。

从上面这个实验中，我们可以看出：在外界人群行为的影响下，一个人很容易在知觉、判断、认识上"随大流"，从而情不自禁地产生从众心理，并随即表现出符合公众舆论的行为方式，让自己与多数人保持言行一致，从而人云亦云。

可见，从众行为不是什么好现象，尤其是发展到"盲从"时，就形成了一种不健康的心态。可以说，从众源于一种群体的无形压力，迫使一些人违心地接受与自己意愿相反的行为。

比如，一些商家为了推销自己的产品，不惜借用大量的广告或各类媒体制造舆论，说自己的商品是如何如何的好，以吸引大众的眼球。这时，一些人就会不由自主地跟着凑热闹，在无形中"顺从"这种宣传效应。于是，这些没有主见的人，最后难免会购买。

所以说，从众心理对人的影响很大，有着很强的不健康观念与消极意识。孩子还小，常常分不清事情的青红皂白，缺乏主见与独立，处处都学别人——如果不及早教导，难免会受到不良影响。

李军是小学一年级的班主任，这天下午上自习课的时候，他来到教室看到有些同学在写作业，有些同学在玩，还有些同学在小声

说话，但见他来到后，都突然安静下来。

"老师，我要小便！"忽然，有一个学生说。

"去吧。"李军应声道。

"老师，我也要去。"又一个学生说。

"哦，你也去吧。"李军又应声道。

"老师，我也要去！""老师……"

一下子又有许多同学要求上厕所。

这时，李军看了一下时间，才上课25分钟，再过15分钟就要下课了，难道孩子在这段时间里，都有非解不可的小便吗？他心里不由得嘀咕起来：这些孩子，一定是学别人的样子瞎起哄……

从故事中我们可以看出，孩子的从众和模仿心理都比较强，只要有一个人带头，就会有很多孩子跟着起哄，跟着"随大流"。比如，别人学画画，他也学画画；别人上厕所，他也上厕所；别人用什么样的文具，他也用什么样的文具……

总之，一切以别人为主。但这不是故意捣乱，其实，他们也不知道自己在干什么，因为心中的"盲目从众心理"使他们完全没有了自己的主见，变得别人怎么样，自己就怎么样。

可见，孩子如果一直这样下去，如此没有主见，能成什么事？所以，家长一定要早点告诉孩子，做人做事都不可人云亦云，随波逐流。平时要多培养孩子明辨是非的能力，让孩子学会独立思考，学会自己拿主意。

一群天生就爱"叽叽喳喳"的喜鹊住在山坡的一棵大树上，附近还住着好多八哥，这些八哥总是喜欢学别人说话，只要喜鹊一说，它们就紧跟着"叽叽喳喳"地说着什么。

一天，一只狮子来到这里，它好几天没找到食物，饿极了，只见它张开血盆大口吼叫起来——吼得附近的花草树木直摇晃。这下，喜鹊吓得瑟瑟发抖，便大声地嚷叫："怎么办，怎么办，狮子太厉害了，太厉害了……"

这时，山洞里的八哥听到喜鹊叫得那么欢，从山洞里钻出来，也扯开嗓子叫道："狮子太厉害了，太厉害了……"

狮子立即朝八哥这边扑过来，那些没来得及逃走的八哥，瞬间便成了"狮口之食"。

原来，喜鹊在树上叫嚷时，狮子早就听到了，但它不会上树，所以捉不到喜鹊。八哥住在山洞里，所以一听见它们的叫声，狮子便张开大嘴冲过来，一下子就吞了好几只。

故事中的八哥由于爱学别人说话，从而招来了杀身之祸，真是可悲啊。可以说，是盲目从众心理害了它。

生活中也有很多孩子像八哥一样，自我意识淡薄，做事没有主见，也不管对或不对，人家怎样就怎样，也不考虑自己应该不应该这样做，更不考虑后果——只管盲目地附和人家，从而惹出很多笑话或祸端。

可见，从众是一种很不健康的心态。

那么，怎样转变孩子的从众心理，帮助他成为一个有主见的孩子呢？希望以下几种方法能帮到你：

一、提高孩子分辨是非的能力

孩子由于年龄小，他们的道德观念尚未完全形成，所以，他们往往会按自己的好恶来判断一些人和事物的是与非。平时，家长要多关注孩子从众心理的种种表现，多提高孩子分辨是非的能力，引导孩子向积极、正确的方面去发展。

二、培养孩子的自信心

有的孩子看不到自己的能力，所以总是没有自信，认为自己干什么都不行，不管做什么事都听别人的。对于这样的孩子，家长平时要多提高孩子的自信心，要知道，自信心是一个人对自身力量的认识——当孩子有了自信，他的见识便不再肤浅。

三、耐心地正面诱导与纠正

一般来说，由于孩子控制能力很差，往往不分好坏，看别人怎样做，自己就跟着别人学。这时，家长要耐心地正面诱导、纠正孩子的不当言行，使孩子逐步认识到自己的对与错——切不可羞辱加惩罚，以免适得其反。

四、增强孩子对自己的认识

平时，孩子应该做的事让他自己做，对他做的事要给予充分的肯定。家庭条件好的父母，可以多创造让孩子有充分表现自己的机会，平时也要不断丰富孩子的知识，并从各方面提高他的能力，以增强他对自己的认识，从而相信自己的能力。

五、塑造孩子良好的个性品质

孩子的模仿性强，如果孩子听见某些人说了脏话，于是就跟着学。这时，家长不要打骂孩子，可以告诉孩子：这样的话是骂人的话，很不文明，好孩子不要学着说。

这样，经过多次疏导，相信孩子就不至于因模仿不良行为而形成不良的举止或言行。并且，在家长的督促或培养之下，还会形成良好的个性品质。

六、用肯定的语言评价孩子

父母要用肯定的语言评价孩子各方面的表现，比如："你看这样做是对的。""这次写的字比上次写的还要好。"切不要以怀疑或否定的语言对孩子说话，比如："你做得比小强差远了。""这么简单的题都做不对。"这样很容易使孩子怀疑自己的能力，对自己失去信心。

所以，家长对孩子的行为、言语的评价，一定要恰当而合理。当孩子有了自信心，又有了明辨是非的能力，他就不再盲目地随从别人了。

第5节
如何让孩子在交往中获得他人的喜欢——"亲和效应"

小贺和小敏在一所幼儿园里读大班，不过，这两个小女孩的个性却大不相同：小贺特别要强，不管做什么都要以自我为主，都要自己占第一；小敏性格温和，凡事都懂得谦让别人。

有一次，幼儿园举办"亲子欢乐活动会"，小贺和小敏的爸爸妈妈都陪着她俩参加了活动。

有一个节目是爬山比赛，获胜的第一名将会得到园里颁发的最优秀奖品，于是，大家都踊跃参加。但是，在比赛的过程中，小贺只要一看到有人爬到自己的前面，就立即跑过去拉住人家的腿，不让人家往前跑；小敏却不是这样，她不但将自己带的饮料分给其他参赛的小朋友喝，还帮助那些跌倒了或爬得慢的同学。

小贺由于一直在扯别人的"后腿"，小敏由于不停地帮助别人，到了最后，她们俩竟然同时达到了顶峰，怎么办呢？奖品只有一个，不可能两个人同时获得。

最后，老师想到了一个办法：让参加活动的小朋友来决定奖品应该给谁。

"小敏应该得第一！"参赛的孩子们几乎异口同声地说。于是，小贺只好眼睁睁地看着小敏捧走了这次活动的奖品。

故事中的小敏为什么能得到奖品，而小贺却得不到呢？

原因很简单，就是因为小敏一直在帮助其他小朋友，从而在他人心中留下了好感；小贺不但不帮助别人，还一直抢别人的先机，所以她在大家心中的印象很不好，才使大家最后决定将奖品给小敏而不给她。

可见，让孩子学会近亲别人，在别人心里留下亲切感是多么重要，它不但能让孩子拥有良好的交际能力，还能帮孩子打开交际的大门，这个现象就是心理学上所讲的"亲和效应"。

心理学认为，"亲和效应"是指使人亲近、愿意接触的能力，并且还能使对方产生"自己人"的作用。它也是一种人们常有的心理定势，在心理学上也叫"亲和力"。比如，原本素不相识的两个人，由于一方或双方都拥有亲和力，于是很容易相处在一起。

所以，一个人如果想要让他人把自己当成"自己人"，那么，在没有任何血缘关系的情况下，就需要运用这个效应，让别人对自己产生好感，使对方认同并喜欢自己。

教育孩子也是如此。我们知道，孩子从小要与很多人打交道，长大后才能融入世界，才能拥有完整的生活。所以，家长可以用亲和效应来培养孩子的交往技能，让孩子避免交际失误，从而拥有良好的人际关系。

苏格兰社会心理学家麦独孤说："人际亲和是人的本能之一，是动物进化中的自然选择。"所以说，亲和力应该是我们经常表现出的心理行为。比如，一个友好的微笑，一句贴心的问候，一个鼓励的眼神，都能表现出一个可亲的人的魅力，都可以让对方感到轻松，乐意与他交往。

那么，我们为何不利用亲和效应来帮助孩子拓宽他的交际渠道呢？运用此法则，可能会有意想不到的效果。

其实，在孩子与同龄人交往的过程中，这种亲和效应表现得会更加明显。因为，孩子的交往不像成人那样受交往动机的影响，他们更受好恶的影响。所以，培养孩子的交往能力，可以先培养孩子的亲和力，让孩子将亲和效应合理地运用到交际之中，使孩子的交际更富有社交魅力。

小明本来是一个活泼可爱、对人彬彬有礼的男孩子，可自从学了跆拳道，小家伙就像变了个人似的，变得嚣张跋扈起来。每次训练回来走到小区的院子里，不管见到哥哥姐姐或是经常在一起玩耍的小朋友，他都会跑过去踢人家两脚或是打人家两拳，以显示自己的"威风"。

这样一来，大家都不喜欢他了，纷纷说他的不对，曾经最好的朋友也躲着他，不再与他一起玩了。

怎么办呢？这样下去，小明可能会成为一个人人讨厌的孩子。爸爸看在眼里，决定帮小明改掉这种顽劣的个性。

这天晚上吃完饭，爸爸带着小明来到小区的院子里，让小明主动给大家唱歌、朗诵，还让他给小朋友表演他所学的跆拳道，并让小朋友参与进来，和他一起玩。这样，小明再次博得了大家的喜欢。

爱吵、爱闹、爱淘气是孩子的天性，可以说他们的世界是大人赋予的。那么，为了培养孩子拥有良好的交往能力，父母应该主动帮助孩子成为受欢迎的人，就像故事中的小明爸爸那样。

那么，如何培养孩子的亲和力，让他成为一个人见人爱的孩子呢？下面几点方法可供你参考：

一、培养孩子平易近人的态度

我们一定要告诉孩子，平时应学会平易近人。因为，要想建立和谐的人际关系，最重要的方法就是要注重个人的态度。

要知道，那些张狂跋扈的人，是永远交不到知心朋友的，并且行为也得不到他人的支持。只有那些恭敬待人，对他人有礼貌，让他人感觉到可爱与可亲的孩子，才能给他人留下良好的印象。

二、让孩子学会吃点亏

古话说得好："吃亏是福！"凡是经历过吃亏、知道谦让的孩子，一定会拥有不错的人际关系。而那些喜欢斤斤计较、自私自利、先己后人的孩子，人际关系也必定是一塌糊涂。

所以，平时不要一味地告诉孩子争强好胜、不甘人后，这样只能让孩子成为"孤家寡人"。

三、灿烂的微笑

告诉孩子，在交往中不要吝啬他的笑容。要知道，灿然一笑是施展亲和力最有效的开场白—— 可以说，没有人会讨厌一张充满微笑的脸。在笑容的感染下，即使心情冷漠的人，也会感到温暖与愉悦。所以，亲切甜美的笑容会使人赏心悦目、心情舒坦，是我们打开对方心灵的法宝。

四、让孩子学会良性竞争

作为家长，不要总认为在这个竞争激烈的当下社会，孩子应懂得先发制人、抢尽先机，否则就会吃亏受损，受人欺侮。因为，这样的恶性竞争会使孩子的心理负荷过重而导致身心疲惫，会让孩子产生嫉妒、自我怀疑等不良情绪，这对孩子的人际交往极为不利。

所以，不要什么事都以"赶、超、比"来要求孩子，要让孩子学会自我竞争，而不要过分引导孩子与同伴竞争。要知道，只有良性竞争才会让孩子笑看失败，才能给孩子一个美好的未来。

五、教孩子学会分享很重要

我们要教会孩子，在和小朋友玩耍的时候，除了关注自己的内心感受，还要多倾听伙伴们的诉说。让孩子明白，如果他一味地按照自己的意愿去行动，无疑把自己推到了被孤立的边缘地位，从而失去友谊。

所以，我们一定要教孩子学会分享，让孩子明白分享的意义，他才能成为受欢迎的人。

第6节
如何让孩子在交往中学会互助互利——"互惠原理"

小河蚌是水族动物的一种，有一天，它发现自己赖以生存的河水水质与以往大不相同了，不但越来越浑浊，还伴着一股强烈的臭味，令它喘不过气来，它只好赶紧浮上水面透透气。

谁知，露出水面它才看到，从四面八方涌过来的垃圾、废品马上要将它包围了，眼看自己就有生命危险了，这可该怎么办呢？

"小河蚌，你在哪儿？我来救你了！"有个声音突然在天空呼叫它。

河蚌马上抬起头，啊？原来是自己祖先的仇家——水鹬鸟正在自己的头顶上空盘旋。

"哼，这个坏家伙是不是想乘人之危呢？"小河蚌心里想道。因为，自从"鹬蚌相争，渔翁得利"的事发生后，河蚌与水鹬鸟两大动物家族就成了死对头。

"小河蚌，我是来救你的！"这时水鹬鸟大声说道。

"你……你真要救我？"河蚌简直不敢相信自己的耳朵。

"当然是真的。你不要再对'鹬蚌相争'念念不忘，现在我们来个'鹬蚌相助'好不好？

"实话告诉你吧，我住的那一大片树林快被砍光了，我也要离开那儿。所以，你快点抱住我的腿，我带你离开这里，一起去寻找一个新家吧。"水鹬鸟说。

"哦，好的，我相信你。"河蚌说着，便一跃抱住水鹬鸟长长的腿。于是，它们一起离开了这个危险的地方。

从上面这则寓言故事里，我们可以看出：一味地"鹬蚌相争"，只能害人害己，使"渔翁得利"；而彼此的互惠互利——相互帮助、友好相处，才能使双方都生活得更好、更快乐。

培养孩子的交往能力也是如此。比如，我们帮了人家的忙，我们有困难时人家也会帮忙；我们请人家吃饭，人家也会回请我们。让孩子懂得这就是互助互利，他才能与伙伴成为好朋友。

从心理学上讲，互惠原理是指不管任何人在得到别人的好处后，都往往会有或轻或重的回报对方的想法。因为，在我们心中往往普遍存在着一种叫偿还的责任感，而这种感觉会驱使我们主动将欠别人的恩惠还回去，以求心理的平衡。

别人曾对我们有过一点小恩惠，那么，在他有事求于我们时，我们也往往会欣然相助，这就是"互惠"的威力所在。

在日常交往中更是这样，双方只有互助互利、利人利己，才能成为好朋友。有很多孩子从小就很"独"，形成了自私、占有欲强的心理状态，不懂得与人分享，更不知道什么是互惠互利，这样的孩子，我们不得不担心他日后怎么与人相处。

所以说，从小培养孩子良好的交往能力，让孩子了解互惠的作用是必要的。

月月与强强两个人都在一所幼儿园里上大班。一天，老师带他们做完游戏后，到了自由玩耍的时间。

当时，月月正在玩一个可爱的长毛兔子玩具，这时跑过来一个小朋友，一把给她抢走了。没想到月月竟然立即挥起巴掌，狠狠地打了那个小朋友一记响亮的耳光，打得小朋友哇哇直哭，赶紧将长毛兔子玩具还给了她。

强强的情况就不同了。正当他一个人高兴地在地板上搭方木时，突然过来一个孩子要抢他的玩具。没想到，强强立刻便让开了——让那个孩子玩，他自己则讪讪地去了一边。

从上面的小例子中我们可以看出，那些只争不让的霸道孩子实在是不讨人喜欢，那些过分谦让、只让不争的孩子，则会让人觉得懦弱，甚至没出息。

那么，如何调整好这个"度"，让孩子做一个既不霸道欺人，也不隐忍、懦弱的优秀宝宝呢？这就需要让孩子学会与人相处的道理。

我们要告诉孩子，不要做只争不让的霸道孩子，但也不必做一味谦让而忍气吞声的孩子——应该让孩子学会互帮互助，这不仅可以增加孩子与他人之间的友谊，学会如何与他们更好地相处，同时也让孩子明白帮助别人是一件很愉快的事。

可以说，互惠互利对一个人的精神升华起到了很大的作用，因为一旦受惠于人而没有偿还的时候，往往会如芒刺在身，浑身都不自在。只有在偿还之后，我们才能从这种心理重压下获得释怀。

孩子之间同样如此。学会平等交换、互惠互利，在孩子的心理上才能产生积极的影响。可以说，在健康的互动过程中，孩子们之间的关系应该是平等而快乐的。

所以，互惠是一种畅通而又盛行的交往理念，孩子只有掌握了它的规则，才能使自己在人际交往时畅通无阻。下面几点方法希望能帮助到你：

一、提高孩子的合作技能

平时有时间，可以想办法多让孩子加入同伴的游戏活动，也可以设置一些场景让孩子练习。让孩子在活动中学会表达自己，学会主动，学会与他人商量，学会容纳他人，学会尊重他人，从而提高自己的合作技能。

二、培养孩子的合作意识

团体游戏是孩子最喜欢的活动，它对孩子合作性的培养起着积极的促进作用。比如，一些大合唱、角色游戏、体育比赛等，再类

似"老鹰捉小鸡""拔河比赛"等游戏项目，对培养孩子的合作能力都有着直接的关系。

在活动之前，可以对孩子进行分组，让孩子在分组中体验自己与他人合作的快乐。多为孩子提供合作的机会，便能不断提高孩子的合作意识。

三、为孩子设计激发合作的欲望

家长可以根据自己孩子的年龄特点，设计一些可以激发孩子合作欲望的活动主题或情境表演，让孩子与伙伴们参入其中。

比如寓言故事《盲人与瘸子》，能让孩子从中明白"通过互助合作，不同的人可以依靠他人的优势来弥补自己的不足"的道理；通过故事《团结力量大》，从而引导孩子之间的相互合作，协商一起想办法，并唤起孩子参与讨论与交流的激情，从而让孩子初步懂得什么是友爱，怎样才算合作。

第六章

培养适应心理，
让孩子学会适应各种新环境

生活环境对于一个孩子的成长是非常重要的，父母在给予孩子生理满足的基础上，一定要为孩子创造一种良好的、适合孩子成长的环境。

第 1 节
孩子到了新环境怎么办——"自适应效应"

美国心理学家约翰·康德里曾做过一个心理实验：他在美国的康奈尔大学和加利福尼亚大学，分别选了一批学生进行实验研究。

他先把这些学生分成两组，然后将一篇小说的一段故事情节发给这两组的学生。这一段故事情节以虚构的方式描写了一个家庭：霍夫曼教授、他的妻子以及他们收养的女儿。

故事的情景是这样的：一个女孩在哭泣，她的衣服被撕破了，一群孩子在盯着她。

康德里要求两批学生分别以自己的方式写完这个故事。

第一小组学生写的文章，要用"将来时态"来描述，并要求学生说出"霍夫曼夫妇将做些什么，孩子将说些什么"。

第二个小组写的文章，要用"过去时态"来描述，并要求学生说出"霍夫曼夫妇干了些什么，孩子说了些什么"。

也就是说，两组学生写作的方式除了时态的不同外，文章内容和要求都完全是一样的。

结果，第二组学生写的该情节的结局极其虚假、空洞，文章没有一点出彩的地方或吸引力。不过，他们对于过去的描写却很详实。

第一组学生不但写出了有趣的故事结尾，还引入了新的情境和对话，而且其中还添加了各色人物，文章精彩、有吸引力，还极富创造性。

对于这个实验结果，康德里教授说："我觉得谈论过去比谈论未来容易些。"他还说："我们很多人考虑的生活概念，大多都仅仅是现在的自己和自己的现在，而对将来则没有过多的考虑与打算。这样一来，在遇到新鲜环境及突发事件时，往往不知所措、难以适应。"

是的，适应能力是现代人所要必备的能力——这种能力如果不足，一个人就很难适应社会生活。所以，家长最明智的做法就是尽早培养孩子对社会与环境的适应能力。

那么，如何培养孩子的适应能力呢？这就需要加强孩子的生活阅历，增强孩子的眼界与见识。比如，平时多带孩子外出，可以帮助孩子感受大自然的奥秘，开阔眼界，适应新环境，了解新事物。

在春天的时候，可以带孩子到野外观察小草发芽；夏天让孩子到野外看看绿树成荫；秋天带孩子看看成熟的果实，看看树木叶落归根的变化；冬天让孩子看看下雪、万物收藏的气象，从而让孩子了解大自然的千姿百态，了解大自然四季不同的变化、不同的生态环境。

这些都是很好的教材，我们可以随地取物对孩子进行言传身教，从而培养孩子对环境或社会的适应能力。

薇薇是个可爱的小女孩，爸爸妈妈都很喜欢她。但是，薇薇虽

然在家里活泼可爱，可一出家门就表现得非常胆小，特别是在人多的地方，更是显得神态不安。就连妈妈带她去超市买东西，她都不敢乱走，总想快点回家。

原来，薇薇对陌生的环境总是感到恐惧不安，很难适应。这是因为她从小就不经常出门，平时，爸爸妈妈工作都忙，没有时间带她外出，于是她就只好天天待在家里与奶奶一起玩。偶尔外出一次，薇薇对新的环境就难以适应。

怎么办呢？后来，爸爸妈妈决定减少一些手头上的工作，挤时间多带薇薇外出，并带她去各地旅游，以培养她的环境适应能力。这样，有爸爸妈妈陪着，看到外面美好的风景，新鲜的事物，薇薇真是好开心，一路上唱啊跳啊的，有时竟然也能与身边的小朋友交流一下快乐的心情了。

这年暑假，他们一家去爬香山。爬山的途中，不时遇到一些陡峭的地方，薇薇就有点害怕，不敢往上爬。

这时爸爸就鼓励她，说越是危险的地方越有意想不到的惊喜，相信她一定可以爬上去。之后，爸爸就先爬上去，教她怎么做，妈妈则在后面守着，以防备她滑下来。

这样，在爸爸妈妈不断地鼓励下，薇薇终于鼓足勇气爬到了山顶。这时，旁边一些爬山的游客也对她伸出了大拇指，夸她很棒呢。薇薇感到很自豪，觉得自己也是一个勇敢的孩子了。

生活环境对于一个孩子的成长是非常重要的，父母在给予孩子生理满足的基础上，一定要为孩子创造一种良好的、适合孩子成长的环境。

可以说，多带孩子外出旅游益处多多，因为在旅游的行程中，随时随地都会有新鲜事发生，让孩子认识到新环境的趣味，不断激起孩子的好奇心和勇气，从而使孩子能很快地适应各处旅途中的新环境，这对孩子长大后的生存适应能力会有很大帮助。

此外，培养孩子的环境适应能力，以下几个不错的方法可以供你参考：

一、让孩子熟悉新住所

当换了一个新住所的时候，孩子往往很难入睡。这时，要想办法帮助孩子，给他一段时间去熟悉新住所的环境，去适应各种陌生的声音，让他进行探究、了解，这样等他对新住所熟悉后就能适应了。

二、多制造一些和朋友玩耍的机会

平时一定要让孩子多接触一些人，让孩子养成喜欢和别人玩耍的习惯。大人和孩子都可以，只要让孩子多与他人在一起，就能帮助他提高对他人的关注，而且通过交往，让孩子体会到有朋友的好处。

三、先了解是否有孩子喜欢的东西

在准备去某个地方之前，要先了解一下，是否有些会让孩子高兴的事物，或是让孩子喜欢的东西，再决定去不去。否则，如果孩子不喜欢，再好的地方去了也没多大意义。

四、不可操之过急

对于一个新环境，如果孩子表现得很过激，就要循序渐进地帮

助孩子，不可操之过急。带着孩子在周边玩耍，让孩子不断地接触新环境——千万不要强迫孩子，以免产生反作用。

五、多关注孩子的感觉

有时候，孩子最喜欢的可能是看得清楚或者最贴近自己感触的东西，他们看到的和我们看到的往往大不相同。所以，不要忽视孩子生长发育的因素，他们还不能像成年人那样长时间地关注一些事物，所得到的感受也是不一样的。因此，在赏景观光的时候，我们多从孩子的角度出发，就会避免一些不愉快。

六、用奖励机制帮孩子挑战自我

如果孩子能挑战自己，独立去做一件事，就可以给孩子一定的奖励。因为，合理的奖励机制才能刺激孩子，帮助他战胜自我，帮他跨过自己内心的那道门槛。

七、减轻孩子的恐惧心理

我们要避免孩子产生恐惧心理，让他看到美好的一面。在新环境中，无论遇到什么不好的事，在孩子面前都不要危言耸听。

八、不要给孩子定性

就算再自闭或胆小的孩子，其实他的内心也非常渴望和别人一起玩。大人不要在外人面前不断地说他如何胆小或内向，也不要表现出很嫌弃孩子的样子，以免孩子给自己做一个壳，把自己锁在里面，那就很难再引导了。

九、多鼓励，少打击

父母应该从正面引导和教育，多鼓励孩子——要知道，孩子由于年龄小、见识短，胆小、怕事是正常的。所以，面对孩子的懦弱

行为，千万不要用恶语去伤害他，以免打击孩子的勇气和信心，使
孩子形成自卑心理。

十、多让孩子接触人

父母可以尽量多让孩子接触小伙伴，多与他人交流，多与他人
同行等，才能慢慢消除"怕生"的心理。要知道，孩子只有在集体
环境中，才能锻炼他适应新环境的个性。

第 2 节
如何培养孩子应对变化的能力——"迂回效应"

古时候有一个算命先生，由于算什么都很准，于是被人尊称为
"神算子"。

一天，有四个考生参加科举考试。考过之后，他们想知道自己
的考试成绩如何，于是就一起去找赫赫有名的神算子，让他算一下
结果。

神算子了解了他们的来意之后，却一声不吭，而是神秘地伸出
一个指头在他们面前晃了晃，使他们未知可否。

几天后，考试结果出来了：四个考生中只有一个人考了好成绩。

这时，大家问神算子怎么算得那么准。

"很简单，我只是运用了以不变应万变的迂回效应。如果他们

四人中全都考了好成绩，那么，我伸一个手指头就表示他们之中没有一个不及格；如果有三个人考了好成绩，那么，一个指头更明显地表示了只有一个人的成绩不好；如果有两个人考得不错，那一个手指则表示只有一半考得好；如果他们全都不好，那就表示一个考得好的也没有。"神算子幽默地说。

看了故事中神算子未置可否的"神算"态度，我们就可以了解到迂回效应的巧妙与结果。

其实，生活中不少人是一根筋，为人处世总是"一头撞到南墙上，十头牛也拉不回来"。那么，对于这样的人，最应该学点"迂回战术"，好让他们自己开窍。

所以，如果我们能善于运用这种效应，那就可以对生活中的一些变化或突发事件应对自如，快速巧妙地解决。尤其是在教育孩子时，父母也可以利用迂回效应，让孩子学会如何更好、更容易地解决问题。

明代嘉庆年间，有一个叫李乐的文职官员，为人很是清正廉洁，但在个性上却有耿直、固执的一面，为此也没少碰壁。

在一次科举考试中，他发现了科考中一些营私舞弊的现象，便立即写奏章给皇帝，要严重处理。但没想到的是，皇帝对此事却毫不重视，对他的建议不予理睬。

可是，他不懂得知难而退，又亲自面奏皇上处理此事。结果把皇上惹火了，便故意以"揭短罪"把李乐的嘴巴给贴上了"封条"，并且，还严肃规定：谁也不准去揭。

要知道，封了嘴巴，不能进食，就等于给李乐定了死罪。

这时，旁边突然站出一个官员，走到李乐面前，不分青红皂白就大声责骂他："混账，君前多言，罪有应得！看我不打死你！"于是一边大骂，一边叭叭地打了李乐几个耳光——没想到，竟然几下子就把封条给打破了。

由于这个官员是帮助皇上责骂李乐，皇上当然不好怪罪于他。于是，李乐的"封条罪"便自行解除了。

其实，这个打骂李乐的官员不是别人，而是李乐的一个学生。在这关键时刻，他采用了迂回战术，用"曲"意逢迎的方式，巧妙地救下了自己的老师。

我们可以试想一下：如果他不顾情势，在朝堂上犯颜"直"谏，就会冲撞龙颜，这样非但救不了老师，自己怕也难脱罪责。

故事中的这个官员运用的迂回战术真是巧妙至极，而且，在这里我们也可以看出，李乐虽然清廉，却不懂得交际需要"润滑当先"的道理，所以他的为人处世离自己的学生还差了一大截。

要知道，交际中一定要懂得绕圈子的智慧。比如，当我们想要拒绝某个人的请求时，不要直接一口气回绝他，因为这样强硬的态度肯定会令对方很不高兴，从而得罪人，影响以后的人际关系。

那怎么办呢？

我们可以采用迂回的方式，委婉、客气地说出自己无力帮助对方的情况："其实，我也很想帮助你，但实在不好意思，眼下实在没这个能力。要不，你看过一段时间行吗……"这样，不但不会得

罪对方，对方往往还会产生感激之情。

我们教育孩子也是一样。如果我们总是使用强硬的教育方式，却达不到教育目的时，不妨改变一下方法，采用迂回效应的方式，或许就能起到事半功倍的效果。

有些话不能直言，便得拐弯抹角地去讲；有些人不易接近，就少不了察言观色地去投其所好。

在漫长的成长过程中，孩子可能会遇到很多意想不到的事，比如火灾、丢东西、遇到坏人、考了最后一名等。当孩子遇到这样的问题时，他们该怎么做，会怎么做，就是我们平时对他所进行教育结果好坏的具体体现。

所以，父母要懂得幽默的迂回之术，想办法多让孩子自己动脑思考，即使是孩子碰了一鼻子灰，也要将事情先交给他来处理——让孩子尝尝遇到困难的滋味，之后，再教给他解决困难的方法与技巧。

毛毛9岁了，但什么都不会做，因为他长这么大，所有的事都是由家人包办的。就像这次老师布置的写作作业《学养花》，要求图文并茂，并且一定是自己亲自做的，不然，就不给通过。

看着毛毛茫然无措的样子，爸爸觉得，家长不可以什么事都替孩子去做，要不然孩子长大了什么都不会做，碰上难题不会应对、不会解决，那他一个人怎么生存下去呢？

"毛毛过来，你自己学着动手做吧，我在一旁教给你怎么做。"爸爸说。

"嗯……好吧。"毛毛只好答应。

在爸爸的指导下，毛毛做起来虽然感觉很困难，但最后还是顺利地完成了。

虽然他做得远不如爸爸妈妈帮他做得好，但老师看到后，竟然表扬了他。这令毛毛非常开心，此后，他也学会了自己解决问题。

如果孩子能积极地想办法处理这些危机，而不是表现出害怕和胆怯，就足以证明我们对他的教育是成功的。就像故事中的毛毛一样，如果一味地依赖大人，他将永远长不大。特别是对于那些有点娇气、有点任性的孩子，应早点帮他们调整心理，如果与周围的同学弄得很僵，就很难在学校这个大集体中生活下去。

所以，我们最应该做的就是培养孩子可以在各种环境中生存下去的能力，让孩子学会应对环境变化或一些突发事件的能力。

平时在培养孩子时，可以多运用迂回效应，那么，孩子就会感到你对他的关怀，从而愿意接受你的意见。要知道，当孩子遇到挫折和打击的时候，他必须要采取某些方法去应对，这样才可以走出困境。相信，坚持下去自然就会帮助孩子提高面对危机的解决能力。

第3节
怎样激励孩子面对新挑战——"鲶鱼效应"

在鱼类的家族里，有一种身强体壮而又凶猛的鱼——鲶鱼，它的存在是个性温顺的沙丁鱼的死穴。原来，鲶鱼最爱吃沙丁鱼，每次相见必定大开"杀戒"，所以，沙丁鱼每次见到鲶鱼，就会不顾体面地四处逃窜。

由于沙丁鱼营养丰富、肉质鲜美，很多人都喜欢吃，所以，每次捕获的沙丁鱼都是供不应求。但是，从海里捕捞上来的沙丁鱼生命力却非常脆弱，往往还没有运到市场上，它们就会在中途死亡。死亡后的沙丁鱼由于口感有差别，在价格上就会大打折扣。

于是，市场上活沙丁鱼的价格，要比死沙丁鱼高出许多倍。这样一来，捕捞沙丁鱼的渔民，总是千方百计地想办法让沙丁鱼活着运到市场。虽然大家进行了各种各样的方法与努力，但捕捞上来的沙丁鱼还是有绝大部分会在途中死亡。

怎么办呢？一时大家都束手无策。

就在大家都无计可施的时候，却有一条渔船竟然可以每天都让大部分沙丁鱼活着运到市场，从而大赚一笔。大家纷纷向老船长求教原因，但他始终都不肯说出令沙丁鱼存活的秘密。直到多年以后老船长去世了，这个被他严格保守多年的秘密才被揭开了。

原来，这个老船长了解鱼类的习性，他知道鲶鱼天生爱吃沙丁鱼，而沙丁鱼见了鲶鱼就会四处乱逃。于是，他每次都在装满沙丁鱼的槽子里放进一两条大鲶鱼。

这样，沙丁鱼见了鲶鱼后，便会四处躲避，而鲶鱼由于身处陌生的环境，心里也十分不安，这样双方便会处于一个冲突的状态。在不断受到生命危险的刺激之下，沙丁鱼不得不拼命地游动，没想到这样却保持了它们身体的活力，于是一条条竟然活蹦乱跳地被运到了市场。

这就是心理学上的"鲶鱼效应"。从这个效应中我们可以看出，只有在危险、挫折逼近之下，才会唤起沙丁鱼的生存意识和竞争求胜之心。否则，风平浪静的生活环境只能让它们安乐地死亡。

养育孩子也是如此。在教育孩子的过程中，父母也该运用鲶鱼效应，培养孩子的竞争意识，让孩子勇于接受新的挑战，让孩子懂得：只有努力做到更好，才能获得更好的回报。

如果整天将孩子当成温室里的花朵，处处需要他人的照顾与保护，这样的孩子往往个性内向、懦弱，并且不敢面对挑战，不敢创新，没有主见，他就经不起任何的风雨与挫折，也就缺乏独立生活的能力。

所以说，如果孩子的行为表现过于拘谨，过于懦弱，做什么事都放不开时，那么，在这个强者生存的世界里，弱者就没有多少可发展的空间，就会面临着被淘汰的危险。

美国作家约翰·卡迪森曾经说过："激励是一个人由失败走向成功的必要条件，是一种魅力精神的载体。"是的，骏马是跑出来的、强兵是打出来的——这意思就是说，孩子的成长不但需要鼓励，还需要一定的激励与挑战。

与鲶鱼效应有异曲同工之妙的理论，还有一则森林狼的管理故事：

在一个小岛上有一片荒无人烟的大森林，这自然成了动物的天下。其中，狼与长颈鹿最多，于是狼群与鹿群共存。但是，由于狼生性凶狠，长颈鹿天生温顺，它们天天都要提心吊胆地逃避着狼群的侵袭。

这时，国家为了保护长颈鹿，就想法把所有的狼都赶走了。结果，长颈鹿没有了生存危机，于是它们便天天过着吃了睡、睡了吃的生活。不久，它们就变成一群胖鹿，之后又变成一群病鹿。

这样一来，鹿群的数量不但没有扩大，反而缩小了许多。在迫不得已之下，相关部门只好又将狼带回了岛上，已经习惯了慵懒的鹿群，很快又恢复了勃勃生机。

可以说，在这种适者生存的环境中，没有上进心是不行的，因为现实是残酷的，不敢面对挑战就只有死路一条。

鲶鱼效应告诉我们，不管在什么时候，只有处于激烈的竞争中才能够生存下来。

孩子的每一个进步都需要激励，只有这样才能激发孩子的潜能，使他一步步迈向成功。激励可以让孩子有良好的表现，比如变得勤学或改正不良行为等，而这些良好的表现反过来又可以促进孩子做出自我激励，从而促进他不断进步。

鲶鱼效应对于孩子的教育来说有着积极的一面，并且至少有以下三点益处：

一、培养和发展孩子的个性

如果以儿童本身的需要与兴趣为出发点，那么，鲶鱼效应不但可以让孩子有广阔的知识背景，还可以让孩子拥有几种特殊才能和本领。所以，它可以发展孩子的内在个性，从而使孩子在竞争激烈的社会中立于不败之地。

二、培养孩子的创造性思维

鲶鱼效应的基本原理，是激发生存欲望和求知兴趣，它可以不断鼓励孩子勤动脑、动手、动眼、动口，激发孩子去发现问题、怀疑问题、提出问题，并尝试用自己的思路去解决问题的能力。

三、培养孩子的竞争意识

鲶鱼效应告诉我们：培养孩子的竞争意识应从小开始，从小事做起。为了激励孩子勇于面对挑战，如果能灵活地运用鲶鱼效应，那么对激发孩子的活力与生活能力有着很好的促进作用。

作为家长，我们不能局限于自己的所学，而要不断地填充新思维，拓宽知识面——可以用一些不思进取、最终失败的负面事例教导孩子，让孩子明白只有竞争才有可能成功。

如何激励孩子呢？希望下面几点对你能有所帮助：

一、自我激励法

自我激励就是自我承诺。它是一种最有效的激励方法，可以先引导孩子要有自己的进取目标，比如先写出来挂在他的床头或书桌上，然后让孩子将这种目标可视化。这样，孩子每天早晨起床与晚上休息时，便达到了自我激励的目的。

二、设立可行目标

设立可行的目标非常重要，父母可以给孩子设立一个他可以达到的目标，比如，孩子考第二名时，父母在奖励孩子的同时，还可以告诉孩子，如果下次他能进步到第一名，便会满足他一个更大的愿望。这样，孩子就会更有动力，更有斗志了。

三、争取下次做好

在孩子经历挫折之后，要多鼓励孩子，培养他的信心与勇气。如果孩子这次没有将事做好，不要多责怪他，可以让他争取下一次做好，使他从心底里愿意再接受下一次的挑战。所以，运用鲶鱼效应可以使孩子产生挑战意识。

四、奖励激励法

如果孩子非常羡慕伙伴的变速自行车，你就可以以此为出发点，设置一件或两件稍微难一点的事，让孩子努力地去完成。这时，孩子为了得到自己想拥有的东西，就会努力去做。

所以，激励孩子的挑战心理，可以采取奖励的方法。等他按要求将事完成后，也就达到了激励的目的。

第4节

开学时，孩子过于紧张怎么办——"开学恐惧症"

成成在读小学三年级，平时学习成绩还不错，每次都能评个优秀生。但是，每到假期过后，成成都不愿意返回学校，一想到学习、写作业，他的心里就会莫名地烦躁。特别是临开学的这几天，成成总是闷闷不乐的——平时不管是看电视、玩游戏、外出游玩等，他都玩得不亦乐乎，但只要爸爸妈妈一提到开学，他的脾气就会上来。

离开学还有三天时间，妈妈看到成成的暑假作业还没写完，催他赶紧写。他却皱着眉头说："急什么，我还没玩尽兴呢，总是催着学习学习，真是烦死啦！"

"烦什么烦？作为一个学生，不想学习，你想要干吗？"爸爸没好气地呵斥着成成。

"我不想学习了！"成成低闷地回答道，说完立马扭头躲进了自己的房间里，并且一天都没有出来。

这时，爸爸妈妈才感觉到了问题的严重性。

据有关调查统计发现，约有70%以上的学生对开学有不同程度的焦虑感，并且，约有一半的人有较强的恐惧感。学生的这种感觉，

就是心理学上所讲的"开学恐惧症"！

不过，"开学恐惧症"并不是专用的医学术语，而是在校学生对学校产生了恐惧心理，有了消极情绪困扰后才形成了这个与心理有关的俗语。

从心理学上来说，这种症状也是一种情绪障碍。每当将要开学或刚开学后，患有这种症状的孩子，常常表现出情绪低落、焦虑不安、记忆力减退、注意力不集中、脾气暴躁、头痛、失眠、胃痛等一系列身体不适的症状。

对此，心理学家认为，其主要的诱因是"开学"这个特殊的事件，导致了孩子对学校生活的适应产生了焦虑和恐惧，或是分离性焦虑、学习适应不良、人际交往困难等不良情绪和行为的唤醒。

比如，有的孩子在本校摸底考试或在其他活动上曾有挫折和遭受委屈的经历，有的孩子由于自己的人格缺陷或因学习过于紧张所致。所以，那些适应能力较差的、学习成绩不好的以及心理素质过低的学生，都是这种症状的易发人群。

对开学抵触心理严重的孩子，家长一定要重视起来，多想办法开导并帮助孩子。

其实，这种精神症状是可以预防或缓解的，家长应从以下五个方面着手帮助孩子：

一、纠正孩子的生活习惯

为了帮助孩子适应学校的学习和生活，放假后，家长应早些帮孩子定好作息时间表。如果孩子在假期里常常看电视或上网到很晚，早上又贪睡不能按时起床，那么到开学时，孩子的思想就还停留在"放假"状态，对上学肯定会有抗拒心理。

所以，家长应及时纠正孩子的不良生活习惯，每天督促孩子按时起床、饮食、学习、娱乐，不要任由假期生活打乱他的生活秩序。这样，才能保证孩子有旺盛的精力与正确的心理准备去迎接新学期的到来。

二、跟孩子多谈谈学校生活

为了消除孩子对学校或老师的恐惧感，家长平时可以有意识地从日常娱乐、游玩等话题谈起，跟孩子多谈谈学校的生活以及关于老师的一些趣事，也可以谈一些有关学习和同学关系的话题，但一定要是快乐、正面的。

三、让孩子对上学感兴趣

平时说到学校或老师的时候，家长应多注意，不要给孩子输入负面信息，不要在孩子面前把学校描绘成不快乐的地方，也不要把老师描绘成严厉得不近人情的人。而应抱着乐观的态度，从正面的角度去评价孩子的学校与老师，给孩子讲一些名校或名人的故事，给孩子以信心与鼓励，让孩子对上学感兴趣，从而期待着去上学。

四、先从调整心态开始

家长在平时应该加强孩子与同龄人的交往，同时再培养孩子的学习兴趣，以减少孩子独立学习的焦虑感。

如果孩子已经患有"学习焦虑症"，那就应先从调整孩子的心态开始，让孩子产生愉快的心情，并让孩子养成良好的生活习惯，那样，学习焦虑症慢慢就可以得到缓解。

五、给孩子营造学习氛围

家长在平时应多带孩子去书店逛逛，给孩子买一些他喜欢的课外读物。还可以带孩子去一些博物馆，学习不同的知识。这样，多给孩子营造与学习有关的氛围，孩子便会自然而然地喜欢上学习。

为了化解孩子对开学的恐惧心理，家长可以适当地减少孩子的作业量，以减轻孩子的思想负担。也可以帮孩子认清问题所在，从而调节孩子的对抗心理。具体可以参考以下方法：

一、早点收回玩乐心思

为了撇除孩子在学习中的杂念，对于他的娱乐心态一定要及时修正。通常，在漫长的假期中难免会有一些娱乐活动令孩子沉迷其中，这样到了课堂上，孩子也往往不能很好地集中精力听讲，从而出现溜号的现象。所以，家长应早点收回孩子玩乐的心思。

二、让孩子做好仪表准备

在开学前，帮孩子好好收拾一下自己，比如漂亮整洁的衣服、干干净净的书包等。让孩子有一个讲究的仪表形象，对孩子来讲，可以增强他的自信心。

三、让孩子的学校配合一下

如果孩子对学校的恐惧症结很严重，父母可以先与学校的负责老师联系一下，请求老师多和孩子进行交流，或减少孩子的作业量，为孩子克服恐惧心理创造有利条件。

四、早点检查孩子的作业

可以告诉孩子，不想恐惧的话，就得把自己所有的假期作业早点完成。因为，你的作业没有完成，或写得不认真，那你自然就会恐惧，害怕老师的责骂。如果所有的作业都按要求完成了，那你还怕什么呢？

五、让孩子学点正面的自我暗示

为了增加孩子的自信，家长可以有计划地为孩子制定一个切实可行的目标，使孩子在最短的时间内进入学习的角色。也可以根据孩子的自我控制能力，让孩子进行一些积极的自我暗示。比如，"我们的学校是本地区最好的""我的学习成绩还是不错的，老师很喜欢我"等方法。让他对自己进行激励，以化解心中的恐惧。

六、让孩子多与同学联系

平时可以让孩子多给同学打打电话，或者是发发短信，聊一聊上学时的美好情景，这样便会缓解孩子心中的害怕和紧张。

七、求助心理医师

对于症状比较严重的孩子来说，如果上述方法都难以奏效，父母就要带孩子去求助专门的心理咨询师。

第5节
请将自由还给你的孩子——"鱼缸法则"

有家公司在办公室门口摆放着一个漂亮的鱼缸，里面养着一些

活泼可爱的小金鱼，但两三年过去了，它们似乎没有什么变化，与刚买来时差不了多少。

然而，有一天，一个员工竟然一不小心将鱼缸给打破了，水一下子四处横流，小金鱼也撒了一地，一个个张着大嘴巴不停地喘气……怎么办呢？这些小金鱼马上就要死掉了。

"将它们放到喷水池子里面去吧。"有个机灵的员工说道。

"好好，我们快将它们捡起来！"几个员工赶紧手忙脚乱地将小金鱼从地板上捡起来，又迅速将它们放到院子里的喷水池子里去。

过了一段时间，办公室的负责人又买了一个新鱼缸，他打算将那些放养在喷水池子里的小金鱼再放进鱼缸里。可是，当他来到喷水池边上时，立即傻眼了：这里哪有什么小金鱼，却有一条条一尺多长的大金鱼！这么短的时间内，小金鱼竟然长了这么大？真没想到啊！

顿时，整个办公室的人都沸腾了。对小金鱼的突然长大，大家进行了各种猜测，但最后都有一个共同的看法："喷水池子要比鱼缸大得多！"

这个故事就是心理学上说的"鱼缸法则"，是日本最佳电器株式会社社长北田光男曾提出来的教育法则。这个现象充分说明，狭小而有限的空间是不可能有大发展的。

其实，孩子也与小金鱼一样，如果我们一直将他们养在狭小的温室里，总是局限他们的自由，那么，他们是不会有多大发展的。因为，这样不但会严重阻碍孩子的成长与发展，还会使孩子失去本该拥有的快乐童年。所以，我们只有给孩子自由而广阔的成长空间，孩子才可能长得更快，才能发展得更健康、更睿智。

释迦牟尼曾经这样问他的弟子："一滴水怎样才能不干涸？"

弟子们想了半天，回答不出来。

"把它放到大海里去。"释迦牟尼说。

是的，一滴水的寿命是短暂的，但当它与浩瀚的大海融为一体时，它将获得永生。

一个孩子也是如此，他必须多接触社会与他人，才有属于自己发展的广阔空间，才能有旺盛的生命力——把自由还给孩子，教他学会建立友谊，无疑等于给他的将来插上了翱翔的翅膀。

但是，有很多家长总是有意地限制孩子的活动空间，不许孩子这样，不让孩子那样，将孩子拘泥在小小的"鱼缸"里，使孩子没有自由的生活空间。比如：孩子上了幼儿园，天天得受老师、场地、规则、伙伴、玩具的制约；上了小学以后，学校的校规、纪律又将孩子牢牢地约束住了；孩子稍大一些，有了点新鲜念头，爷爷奶奶、外公外婆、爸爸妈妈等不是这个阻拦，就是那个代替，使孩子一点自主的机会都没有。

这样一来，孩子如何能全面地发展呢？

没有了自由，谈何快乐；没有了快乐，谈何幸福？可以说，自由是孩子天真活泼与幸福欢乐的源泉。所以，我们一定要给孩子一定的自主权利，在照顾孩子的同时，应让他充分享受属于自己的自由生活。

有位教育家说："我们要解放小孩子的空间，让他们去接触大

自然中的花草、树木、青山、绿水、日月、星辰以及社会中之士、农、工、商、三教九流，自由地与宇宙发问，与万物为友，并且向中外古今三百六十行学习。"

培养一个有能力的孩子，我们就要全方位地给孩子一个宽广的成长空间，给孩子一切发展的机会，而不是以"我都是为了你好"作为理由，将他束缚在一隅天地里。

有这么一句话：有一种爱叫做放手。那么，对于孩子，我们要做到该放手时就放手，不能把孩子紧紧地攥在手中。要知道，孩子总有一天会长大，会离开我们——到那时，我们能够做的只是默默地望着他的背影渐行渐远，让他自己去发展。

可能有些家长会说：孩子这么小，什么都不会、什么都不懂，不严管、不严教会出问题的。

是的，孩子还小，离开大人的照顾是不行的。但是，孩子成长需要的是引导或指教，而不是强制或训教。所以，我们应做好孩子的牵引者和指导师，而不是将孩子限制起来。

亮子是五年级（3）班的班长，这天他带着几个同学去阅览室看书。同学们都很喜欢学习，便各自选了一本自己喜欢的书，在座位上快乐地翻读着。

这时候，整个阅览室里都很安静，看得出同学们的专注与认真。不久，有一两个同学开始说话，并且谈话的声音渐渐地高了起来。

"同学们，请静下来，看书不应该有声音的啊！来，现在我要看看谁最棒，能安静地看书。"亮子说。

顿时，阅览室里再次安静了下来。可是，过了没多久，声音又响起来了。

"怎么又出声音了啊？要不，谁再说话，就回班里写作业去！"亮子不耐烦地说。

同学们赶紧闭上了嘴巴，阅览室里又安静了下来。

这时，亮子明显看出，同学们内心是不快乐的。他突然意识到自己的做法也许有些不妥——同学们怎么能不交流自己的阅读心得呢？他们说话就是不认真吗？况且，上课时间已经过多地限制了他们的自由思维，他们憋得这么久了，交流一下也未必是坏事吧？

想到这里，亮子说："同学们，看书的时候可以和小伙伴轻轻地交流，只要不大声影响到别人就行。"

"哦……"同学们都向他投来了赞同的目光。

亮子的心里终于有了一丝欣慰。

在日常生活中，我们往往会在很多地方限制孩子的自由，包括我们的生活方式，我们的行为、观点等，都会局限孩子的思维，使孩子的天性得不到舒展。

美国数学家哈里·科勒说："教育孩子就如同牧童放牛，我们不能像那些无知的牧童一样，硬牵着牛的鼻子走路。我们应该学习农民牵牛时，只到拐弯的地方才会抖动一下缰绳。"

诚如科勒所说，他在教育学生时，总是先让他们自主地学习，遇到了不懂的、不会的才可以问老师。因为他深知：孩子的成长需要自由的空间，需要自主参与的机会。所以，在给学生进行解答时，

科勒也只是进行旁敲侧击的提示，从而引导学生自由发挥能力。

作为家长，我们应该将孩子自由与自主的权利还给他，还要学会尊重孩子，让他自己去做决定，哪怕他的选择有多么错误与可笑，也不要过于干涉与限制。这样，孩子的积极性与潜能才能得到更好地发挥，孩子长大后才不会过分依赖别人。

那么，我们该如何们培养孩子自由发展的能力呢？希望以下几点方法能帮助到你：

一、给孩子自由选择的权利

可以说，每个孩子都会表现出不同的智能优势，每个孩子都是天才宝宝。比如，有的孩子在数学逻辑方面的智能很强，有的孩子在音乐旋律方面很有天赋，有的孩子在语言文字方面相当优秀……那么，我们就应以某方面的兴趣优势来带动孩子的学习动力，并根据孩子自身的爱好来发展他的特长，这个自由选择的权利一定要交给孩子。

二、让孩子享有言论自由的权利

平时，应尽量当着孩子的面说事，并且给孩子一定的发言权，不要总觉得孩子的意见不重要不让他参与，也不要觉得孩子说得不对而剥夺了他的发言权。要知道，这样做会很伤孩子的自尊，又影响孩子的思维表达能力。

三、让孩子享有自由锻炼的权利

不管孩子做什么，只要不是太出格的事，家长都应该理解、支持、配合。比如，孩子参加社会实践活动、参加体育锻炼、担任班干部等，都不要阻挡，这些都能使孩子得到很好的锻炼。

四、让孩子享有自由交际的权利

每个孩子都需要同龄人做伴，他们的成长也离不开伙伴，因为他们的内心渴望与他人交际。所以，在交往上不要一味地禁止这样那样，而要让孩子享有自由交际的权利——你只需要教给孩子交际的原则和方法就可以了。

第6节
对孩子的要求应适可而止——"倒U形假说"

德国网球明星鲍里斯·贝克尔曾被称作"常胜将军"，他曾连续获得六个大满贯的单打冠军，在体坛名噪一时。据说，英国心理学家罗伯特·耶基思在观察贝克尔的体育比赛时，发现他之所以能经常获胜，是因为他在比赛中始终维持一种不常见的"半兴奋状态"。

就是这种状态，使贝克尔发挥出巨大的威力，发球迅速而凌厉，力量巨大而持续，令人难以招架，尤其他著名的"鱼跃式截击"怪招，在世界网坛上更是独一无二的，成了他取胜的关键，也是他的场上标志。

贝克尔的这种运动状态，被专家称为"贝克尔境界"，也就是罗伯特所研究的心理学"倒U形假说"中的最佳精神状态。

211

罗伯特和他的学生多德林在研究中发现，一个人的精神状态，冷静了不好，太亢奋了也不好，因为过大或过小的压力都会使工作效率降低。他们认为，人的精神状态，如果太冷静就会缺乏奋斗的热情，太亢奋了激情就会把理智烧光。

同样的道理，一个人在工作中，如果压力较小，工作缺乏挑战，人的精神就处于松懈状态，效率就得不到应有的提高；当压力超过最大承受力，压力成为进取的阻力之后，那么效率也随之降低。所以说，当你一点儿都不兴奋的时候，也就没有动力去工作了；当你处于极度兴奋的状态，可能会使本该完成的工作完不成。

罗伯特认为，对于处在各种工作状态的人来说，当压力逐渐增大，压力会成为动力激励人们努力工作，效率将逐步提高；当压力达到人的最大承受能力时，人的效率才会达到最大值。那么，如果用精神状态来解释，那就是热情中的冷静让人清醒，冷静中的热情使人执着——一个人只有处于适度的兴奋状态时，才能把工作做到最好，这就是工作的最佳精神状态。

其实，孩子的学习与成长也符合"倒 U 形假说"。

我们对孩子采取教育措施时，既不要对孩子提出过多、过高的要求，也不要过于松懈，甚至对孩子的行为放任不管。所以，我们对孩子的要求与管制一定要合情合理，那样才能让孩子处于最佳的精神与学习状态。

有一个小和尚打油的故事：老和尚对小和尚的要求一向很严格。这天，小和尚去打油时，老和尚更是一再强调不要把油洒出来，否则，就罚他做一个月的苦工。小和尚打油回来的路上，一直想着千万不能将油弄洒了，结果心头过于紧张，油还是洒了出来。

可见，一个人在做事的时候，如果没有太大的压力，可能会很轻松地完成——而一旦压力过大、心情过于紧张时，效果便会适得其反。正所谓"物极必反"，凡事都不可以太过，因为一旦情况过于亢奋，不但达不到预期的效果，还往往会产生负面情况。

尤其是孩子，如果让他的心情太过激进，就会出现"过犹不及"的情况。所以，我们只有让孩子心情愉快，他们才可以按时或按规定去完成我们给予的任务。

良良刚上小学二年级。妈妈从小就对他寄予了厚望，为了将他培养成一个优秀的孩子，给他报了很多培训班——每到周六，妈妈要送他去练钢琴，周日又要带他去练体操，平时还要挤时间让他学奥数……

于是，良良像赶鸭子上架似的，被妈妈押着去上那些没完没了的辅导班。可是，一个才8岁的孩子，整天有学不完的功课，一点儿自由自在的玩乐时间都没有，谁能受得了呢？

果然，半年之后，良良变得整天都闷闷不乐、迷迷糊糊的。小小年纪的他，没有了快乐，没有了笑容，对任何事都不感兴趣。

在学校里，他上课经常打哈欠、犯困，下课后一个人呆呆地趴在课桌上；回到家，他时常躺在沙发上什么都不想做，就连妈妈做了他最爱吃的饭菜，他也没胃口。孩童本有的活泼可爱荡然无存……

妈妈以为良良是生病了，急忙带着他去看医生。检查过后，良

良的身体没有什么毛病，就是有点营养不良。那这孩子是怎么了？妈妈百思不解。后来，一个亲友说这孩子可能是患有心理障碍，于是妈妈就带着良良去看心理医生。

当看到良良情绪低落、注意力不集中的样子，一提到学习就产生一种抵触心理，有时候厌恶至极，甚至到了恐惧的地步时，心理医生断定良良是患了"学习厌倦症"。

心理医生告诉妈妈，良良之所以会这样，就是因为给他施加了太多的压力，远远超出了他的年龄所能承受的范围。不过，幸好这种情况时间还不是太长，否则，很可能会给孩子带来永久的心理阴影，甚至使孩子的一生都难以快乐起来。

这时，妈妈才算明白逼着良良去学习是多么不合情理。从此以后，她就再也不逼着良良去各种培训班了，并且一有时间就带着他去外面玩。渐渐地，良良又变回了原来精神的样子。

话说：欲使潜能出，当有三分狂。一个人只有使出三分的激情，才能发挥最大的效能。如果过于激情，事情往往会适得其反。

在孩子学习与成长的过程中，如果我们对孩子要求过大，造成孩子学习的压力过重，使孩子长期处于紧张的精神状态，就会使人体肾上腺激素大量分泌，这时大脑神经就会一直维持巅峰的情绪，而这种状态虽然能暂时带来效率，但不能持久。

这就是我们越给孩子施加压力，孩子的表现与学习效果越差的原因。其实，孩子还太小，当他们的情绪得不到有效控制时，就会出现一系列的不良症状。

在教育孩子时，为了防止"过犹不及"的情况出现，我们应多学习以下几点：

一、给孩子的压力要适当

孩子在没有一点压力的情况下，也不会有多大的进步——因为没有压力使他前进，他的潜力就得不到发挥。如果孩子接受的是高压，情况也不容乐观，因为孩子一味地紧张，也很难走向成功。所以，孩子的成长需要适当的压力和一定的快乐。

二、不要对孩子过分关心

可以说，孩子的心灵都是敏感的，有时关心也是一种压力，所以说，过分关心只会让他更加紧张。在紧张的心态之下，孩子很容易发挥失常，或喜欢钻牛角尖，或因情绪激动而做出极端的反应来。

三、帮助孩子发泄压力

压力过大会影响孩子的身心健康——想让孩子放松心态，就要想办法帮助孩子发泄压力，让孩子的紧绷状态松懈下来。比如，适当的运动可以发泄压力，或是带孩子去散步也不错，让孩子做上几分钟的深呼吸，这些都是好方法。

四、给孩子的期望值要符合情理

正所谓："高不可攀会丧失信心，唾手可得会消磨斗志。"

我们对孩子的期望值一定要符合情理，而最好的期望值是让孩子稍加努力后就能实现的。如果期望值过低，会造成孩子对自己缺乏信心，缺乏上进心，甚至怀疑自己等不良问题。如果期望值过高，孩子通过努力也不能实现，就会产生失望情绪，从而不愿意再努力。

所以，我们的期望值必须根据孩子能力的具体情况来确定，并

将远期期望值分解到无数个短期的期望值中，孩子每前进一步都要予以鼓励。

五、不要对孩子施行心灵虐待

如果经常采用讽刺、挖苦、威胁、恐吓等方式来激励孩子的上进心，并且长时间不去关爱与安慰，那么，孩子的心灵很容易变得扭曲、自卑、焦虑。这些负面情绪会给孩子造成难以愈合的心理创伤，甚至还会造成种种的性格缺陷。

所以，我们要与孩子进行认真、平等的交流，多和孩子一起分享欢乐、分担痛苦，切不要对孩子施行心灵虐待。

六、确保孩子的生活作息正常

平时，家长要注意调节好孩子的身心平衡，要维持好孩子的正常作息。特别是当孩子出现发脾气、头痛、发烧、肚子不舒服，甚至失眠等不良的精神状态时，那就有可能是心情不好或压力过大所引起的，这时一定要多关心孩子，让他吃好睡好，他才能处于最佳的心理状态。

七、家长要善于赞扬孩子

家长要时刻关注孩子所取得的每点进步，并及时给出鼓励与赞扬。这样，为了不辜负你的赞赏，孩子会怀着积极的心态让自己全力以赴。并且，及时而恰当的赞扬，不但能激发出孩子强大的自信与冲劲，对缓解孩子的学习压力也有很大的好处。

第7节
请为孩子制定一个合理的目标——"目标效应"

美国哈佛大学的教授做过一次调查研究：他们对一部分大学应届毕业生进行了一次关于"人生目标"的调查，这些学生在智力、学历等方面的条件基本上相差不大。

调查结果是：60% 的人，目标模糊；27% 的人，没有目标；3% 的人，有明确而长远的目标；10% 的人，有着明确而短期的目标。

后来，在过了漫长的 25 年之后，研究人员再次对这批学生进行了跟踪调查。通过这次调查，他们发现：60% 目标模糊的人，生活在社会的中下层；10% 有着明确而短期目标的人，成为各个领域的专业人士，生活在社会的中上层；3% 有着明确而长远目标的人，已经成为各界的成功人士；27% 没有目标的人，个个无所作为，生活在社会的最下层。

这次调查的结果明确地告诉我们：无论多么优秀、学历多么高的人都要有一个为之奋斗的"人生目标"，否则，将会一无所成。

这就是心理学上的"目标效应"，它是由美国管理学家约翰·卡那首先提出的，也叫"目标置换效应"。它的效果，就如一个人要去远行一样，如果没有目的地，就永远无法到达终点，也就不可能

取得理想的成就。

是的，没目标就没有奔头，孩子的成长更是如此。

对于孩子来说，目标是学习的动力，为孩子制定一个合理的目标非常重要。著名诗人纪伯伦说："我宁可做人类中有梦想和完成梦想愿望的、最渺小的人，也不愿做一个最伟大的无梦想、无愿望的人。"

可见，孩子天生都是有目标与梦想的。所以，我们一定要教育孩子确立自己的奋斗目标，尤其是当孩子取得了一点成绩后，家长应在祝贺的基础上，对孩子进一步提出更高一点的目标和要求。

要知道，目标是培养孩子上进心的重要手段，也是帮助孩子成才的必经之路。

有一位牧羊人，带着两个年幼的儿子天天靠为别人放羊来维持生活。虽然他们的日子过得贫苦，但没有对生活失去希望。

一天，父亲带着两个儿子，赶着羊群来到一个山坡上，开始了又一天的放牧生活。突然，他们看见一群大雁伸着脖子"嘎嘎"地叫着，从他们的头顶飞过。之后，又很快从他们的视野中消失了。

"父亲，这些大雁要飞到哪里去啊？"小儿子看着大雁飞走的方向问父亲。

"为了度过寒冷的冬天，它们要飞到南方，找一个温暖的地方安家。"牧羊人回答道。

"哦，要是我们也能像大雁一样飞起来就好了！那我就要飞得高高的，去天堂看看妈妈。"大儿子双眼盯着大雁，很是羡慕地说。

"要是能真的变成会飞的大雁就好了！那我就可以飞到自己想去的地方，就不用天天在这里放羊了。"小儿子眨着眼睛说。

"嗯……"牧羊人沉默了一会儿，说道："如果你们想，你们也会飞起来的。"

"真的？"两个儿子试了试，并没有飞起来，他们都用疑惑的眼神看着父亲。

"你们看看我是怎么飞的吧。"牧羊人也试着飞了两下，但也没飞起来。

"哦，我飞不起来可能是因为年纪太大了。但你们不同，你们还小，有着无穷的潜力，只要不断努力就一定能飞起来，去你们想去的任何地方。"牧羊人肯定地对两个儿子说。

从此，一定要飞起来的愿望便成了这两个孩子的梦想。在父亲的教导下，他们一直朝这个目标不断地努力着……

他们长大以后，真的飞起来了——他们就是莱特兄弟，他们发明了世界上第一架飞机，实现了人类飞上蓝天的美好梦想！

一个人心中拥有了梦想，就会在生活中抱有希望。许多看似不切实际的梦想，很多时候也都能变为现实，因为梦想是前进的动力和方向。

当孩子有了梦想，也就有了为之奋斗的目标。此时，目标就给了孩子一个看得见的射击靶，是鼓舞孩子奋斗的风帆，孩子会投入他们全部的努力，并不断创造生命的奇迹。

不过，我们给孩子所定的目标不能太高了，要切合孩子的实际

情况，最好是让孩子"跳一跳"，能够得着的最好。如果一下子给孩子的目标定得太高了，孩子怎么努力也总是达不到，这就不太好了，因为这会使孩子失去信心。

所以，我们给孩子定的目标不能贪多，一定要具体、合理而恰当，这样，孩子就会以此为目标，自觉地去努力奋斗。

一个人有了需要完成的目标后，往往能够"一箭命中"而不再浪费自己的时间。如果一个人没有梦想，也没有人生目标，那他就不知道自己学习有什么用，不知道自己应该怎样去努力。那么，在这种情况下，只要生活中出现了一点阻力和困难，他便会觉得寸步难行，便会产生放弃的心理。

所以，目标是一种持久而蓬勃的动力，是孩子走向成功的阶梯！

小雨上小学四年级，学习成绩很差，每次考试都是班级后三名。为此，爸爸妈妈说了他很多次，但他对学习就是提不起劲。

每天只要一放学，小雨便会立即丢下书包，骑着自己的小赛车在小区的院子里转来转去——因为，他梦想着自己有一天能成为世界级的赛车冠军呢！

可是，爸爸妈妈让他写作业的时候，他总是拖拖拉拉的，没有丝毫的兴趣与动力，并且，越是批评他学习不用心，他越是不想学习。这可怎么办呢？爸爸妈妈非常头疼。

"儿子，你不是想要一辆名牌赛车吗？如果你能在这个学期将自己的学习成绩提高到班级里中等水平，我就给你买一辆世界有名的'泰勒'牌赛车！"在新学期开始的这天，爸爸终于想出了一个办法。

"好啊！等着瞧吧，我一定会将成绩提到中等的，到时候爸爸可要说话算数啊！"小雨兴奋地说。

于是，为了拥有一辆"泰勒"牌赛车，小雨便用心地学习了起来。课堂上，他开始认真地听讲；下课后，他写完课堂作业后才会去玩；放学回家后，他不再丢下书包去练车，而是先拿出课本写作业，写完之后再去院子里练车。

小雨的变化，爸爸看在眼里、喜在心上，他知道自己给孩子定的这个小小的目标奏效了，这令他很是欣慰。并且，当小雨在学习遇到困难或对学习有厌倦情绪的时候，爸爸便会及时地帮他克服或开导，甚至还会先给他一些小小的奖励，以作为他坚持下去的动力。

就这样，一个学期下来，小雨果然将自己的学习成绩提高了一大截，一下跃入了班里中等生的行列。

这时，爸爸兑现了自己的诺言，给他买了这辆赛车。与此同时，看到小雨进步这么大，班主任老师也对他大加称赞，并且，同学们也开始刮目相看……这些都让小雨感到无比自豪，觉得自己也是一个学习优秀的学生了。

梦想是孩子前进的指路明灯，目标是孩子取得成功的基石。给孩子一个小小的目标，能让孩子一点一点地进步。跟着目标走，孩子就不会迷路，所以，我们要从小就送给孩子一个美丽的梦想，送给孩子一个热爱生活的目标。

不过，有些家长由于望子成龙心切，往往为孩子设定了过高的

目标，忽视了孩子的实际学习能力，从而使孩子可能因为目标过高或等待时间过长，最后放弃努力。

要知道，孩子的意志力和耐力是有限的，他们不可能像成人一样持久与坚定。所以，制定的目标一定要合理，不可以一下子向孩子要求太多或太高。要知道，绝大部分孩子落后的原因，并不是因为他们智力低下，而是没有稳定的目标方向。

所以，我们要及时引导孩子，将孩子的梦想化为现实的目标。给孩子一个人生的方向，使他学会自己管理自己、自己约束自己、自己成就自己！

第8节
请帮孩子调整好休息与学习的时间——"生物钟现象"

豆豆上了小学一年级，可他不但没有别的孩子那样精神、活泼，而且上学还天天迟到。为此，班主任向接送豆豆上学的奶奶反映了很多次，但都没有明显的改善。

原来，豆豆的爸爸妈妈都是大公司的重要职员，他们天天忙得很，平时豆豆总是由爷爷奶奶来照顾。

同时，爸爸妈妈为了工作形成了加班、熬夜、不吃早饭等生活状态。这样，豆豆为了能多与爸爸妈妈待在一起，也渐渐养成了不合理的生活习惯。如此，长期的恶性循环使他的生物钟乱了。

故事中豆豆不规律的作息情况都与生物钟有关，而这个看似无形的人体生物钟，对我们每一个人的心理、生理健康都有着巨大的影响。人体的系统运行与人体的休息及劳作都是有一定规律的，如果我们按生物钟的节律来安排作息，往往就会取得良好的效果；反之，则往往会感到疲劳与不舒适。

其实，自然界的许多生物都存在着与时间有关的有趣现象。例如，生活在南美洲的第纳鸟，它每过30分钟就会"叽叽喳喳"叫上一阵子，而且相间隔的时间误差只有15秒，所以当地人称它为"鸟钟"，并习惯用第纳鸟的叫声来推算时间。

此外，像我们所熟知的"公鸡打鸣""牛羊归圈"等现象，也都说明了动物的生物钟现象。

古语说："日出而作，日落而息。"人也是大自然的产物之一，那么，作为万物之灵的人类自然有着高级的生物钟现象。所以，我们只有与大自然保持相一致的联系，才能正常而健康地生活。

由此可见，就故事中的情况来看，豆豆的爸爸妈妈平常晚上睡觉时间要在十一点之后，这个时间对成年人来说还勉强能挺得过去，但对豆豆这样的孩子来说，已经足够当黑白颠倒的"夜猫子"了！所以，豆豆作息情况的紊乱，是受了爸爸妈妈长时间晚睡的影响。

科学家通过研究生物钟发现，人体会随时间的节律而做出相应的调整，会有时、日、周、月、年等不同的周期性节律。研究发现，

将人的"体力""情绪"与"智力"盛衰起伏的周期性节奏，科学地绘制成三条波浪形的人体生物节律曲线图，并且确定我们每个人从诞生之日起直到生命的终结，发现体内都存在着多种自然节律，比如，体力、休息、智力、睡眠、情绪、觉醒、血压等的变化。

例如，人在上午 8 点大脑具有严谨、周密的思考能力；到了晚上 8 点左右时则记忆力最强；在白天，人的推理能力逐渐减弱；到了下午 3 点时思考能力最敏捷……这些现象，就是生命活动的内在节律性。

现代人经常出现的"亚健康""生物钟失调""免疫力低下"等情况，就是因为经常熬夜、生活习惯不良等导致作息规律紊乱，从而令人体出现各种症状和疾病的诱发风险。

对成长发育中的孩子而言，睡眠的保质保量占着绝对重要的位置。

有些孩子出现"瘦小""易感冒生病""爱哭"等症状，无不与长期没有规律的作息时间有关。所以，为了保证孩子的健康与学习，家长首先应该培养孩子良好的生活习惯，特别是那些平时作息不规律的父母，一定要和孩子一起调整你们的生物钟，具体可以参考以下方法：

一、避免自己的作息时间干扰孩子的睡眠

在生活中，免不了会有一些工作需要加班才能完成，也免不了会有一些交际方面的活动应酬，为给孩子制定一个合理的作息活动时间，我们要根据孩子的作息习惯来调整自己的活动安排，以保证孩子拥有良好的作息规律。

二、给孩子打造合理、舒适的睡眠环境

合理、舒适的睡眠环境，是养育健康孩子的基本条件。所以，给孩子专用的卧室，给他营造一个柔和、简洁的睡眠环境非常重要。对于孩子休息的卧室，尽量不要安放电脑、电视机，也不要堆放过多的杂物。

三、和孩子一起改变自己的作息时间

对于已经有晚睡习惯的孩子，要想让孩子的作息时间变得规律起来，家长不妨先从自己入手进行改变。

孩子的晚睡与家长自身的作息不规律关系很大，面对孩子已经形成的作息习惯，不易用强硬或逼迫的手段进行纠正。

家长可采用渐进的方式，以半小时或一小时的时间量渐渐减少孩子晚睡的时间，并在原有的正常习惯上增加一小时的补眠时间。尤其是寒暑假时，不要让孩子任意的"晚睡晚起"——如此坚持下去，就能取得良好的效果。

从生理与心理上来讲，人体的生物钟如何运行是影响孩子学习效果的一个重要因素。比如，有些时候孩子学习起来特别努力，一副很专心的样子；而有些时候却马马虎虎、一副心不在焉的样子，这就是因为孩子的生物钟没有调节好。

如果我们能恰当合理地利用生物钟的规律，试着给孩子规定什么时间学习，什么时间休息，想必能促进孩子的学习效率，帮孩子提高自己的学习成绩。

　　对此，父母要摸索出一套符合孩子自己的学习方法，然后利用孩子的生物钟特点，为他选择最佳的学习时段，从而使孩子快乐地生活与学习。比如，安排孩子在假期的作息时间：

　　1. 假期里，孩子出行旅游的时间不要太长。

　　2. 孩子走亲访友的时间也应减缓一些，适可而止就行。

　　3. 对于一些少儿节日，要给孩子相应的调控。

　　4. 假期快要结束时，要提前几天帮孩子挂上学习的"生物钟"。

　　5. 开学之前，帮孩子制定一份新学期的学习计划。